AF343887

CONFÉRENCES

AGRICOLES.

22582

CONFÉRENCES

AGRICOLES

DU COMICE DE LILLE.

TROISIÈME SÉRIE.

LILLE,

IMPRIMERIE DE LEFEBVRE-DUCROCQ.

Place du Théâtre,

1856.

ALTÉRATIONS & FALSIFICATIONS

des

BLÉS & DES FARINES;

MOYENS DE LES RECONNAITRE.

Par M. GARREAU.

Si la noble émulation avec laquelle les agriculteurs concourent à l'amélioration, au perfectionnement de leurs produits, était imitée par tous ceux qui les acquièrent pour leur faire subir les transformations diverses que réclame leur emploi, on aurait à se dispenser de parler des moyens propres à reconnaître les fraudes et les altérations nombreuses que la principale denrée agricole, le blé, subit par l'appât du lucre et, parfois, par l'incurie des spéculateurs et des débitants qui commercent sur ses produits.

Malheureusement, il en est du blé comme de tous les produits que les industriels honnêtes versent loyalement dans le commerce, plus il a franchi d'étapes sur la route des échanges et des transformations, plus il faut s'attendre à le voir altéré ou falsifié dans ses produits; et cependant, doit-on rappeler que celui qui les consomme en plus grande proportion, parce qu'il ne lui est pas donné de pouvoir en atteindre d'autres sur lesquels la fraude est moins puissante, a besoin de réparer des forces chaque jour données au travail?

Présenter quelques règles pour faciliter les recherches propres à faire reconnaître les altérations et falsifications dont les farines et le pain sont si souvent l'objet, serait sans contredit le moyen le plus logique d'atteindre sûrement la fraude, et par suite, de la faire diminuer; car, il faut bien le dire, si des procédés plus ou moins efficaces permettent aujourd'hui aux analystes d'arriver quelquefois à la détermination de telle ou telle sophistication soupçonnée, le fil manque pour conduire méthodiquement à reconnaître les altérations et les falsifications quelconques. D'ailleurs, tous les experts que l'autorité judiciaire ou les commerçants ont besoin de requérir, ne sont pas toujours fixés sur la valeur des moyens à employer, et il arrive assez souvent que la fraude, l'avarie ou la qualité échappent ; ou bien, ce qui est pis, qu'on les met là où elles n'existent pas.

Bien que ces considérations suffisent déjà pour justifier l'utilité d'une méthode régulière d'investigation dans les expertises que l'on confie au chimiste ou au pharmacien, on peut ajouter qu'il en est d'autres qui la commandent : ce sont, d'une part, l'exiguïté des quantités de pain ou farine suspectes souvent remises à l'expert ; et, de l'autre, la conscience d'avoir tout fait pour ne rien laisser échapper, et porter un jugement ferme et éclairé.

L'emploi d'un procédé douteux, une observation mal faite, mènent à des conclusions terribles, et nos propres contre-expertises nous ont révélé plus d'une fois la légèreté ou le mauvais choix des moyens apportés dans les recherches.

Appelé à faire partie des commissions des substances pour le département de la guerre, fréquemment consulté par le commerce de Lille, et requis par les autorités judiciaires, si je dépose ici le fruit de mes propres observations, c'est avec la ferme conviction de rendre plus facile la tâche délicate de l'expert, à l'aide de moyens d'investigations dont la valeur soumise à un contrôle sévère a déjà rendu, et est appelée à rendre encore quelques services.

Mais pour se livrer avec fruit aux recherches des altérations, des falsifications et des qualités diverses que les farines et le pain peuvent présenter, il faut que l'expert joigne à des connaissances de chimie pratique suffisamment étendues, celles à l'aide desquelles il lui est donné de reconnaître la texture intime des éléments du blé et des substances organiques diverses sur lesquelles la fraude s'appuie, connaissances qui supposent l'habitude du microscope et celle des dissections au foyer même des lentilles.

ORGANISATION ÉLÉMENTAIRE DU BLÉ.

Le cariopse du froment est, comme l'indique son nom, un fruit sec indéhiscent, dont le péricarpe adhère intimement à l'épisperme de la graine ; aussi, pendant la mouture, ce péricarpe qui constitue le son, se sépare-t-il du périsperme qui constitue la fleur, en entraînant le plus ordinairement avec lui l'épisperme ou épiderme de la semence. Mais suivant que le grain est plus ou moins humide, les diverses couches celluleuses qui constituent le son, se délitent plus ou moins en membranes distinctes, et alors chacune de ces couches examinée au microscope, présente une texture particulière qu'il est important de bien connaître si l'on veut, d'une part, pouvoir apprécier tous les éléments organiques anormaux qu'une farine falsifiée peut contenir ; et de l'autre, ne pas s'exposer à mettre sur le compte de la fraude, ce qui appartient au blé lui-même. La disjonction des couches celluleuses du son, alors qu'elle a lieu, se fait en trois lames d'une texture déterminée et toujours la même.

La plus extérieure se compose à la face externe 1.º de la cuticule, membrane mince, pellucide, très-flexueuse, sans texture ; elle recouvre deux couches celluleuses, dont la plus externe est composée de cellules elliptiques, sinueuses sur leurs bords de $^1/_{10}$ de mm. de diamètre latéral et d'une longueur variable, mais qui va en décroissant à mesure qu'on les observe plus près de la base ou du sommet organique du péricarpe ; la couche la plus interne est composée de cellules de même diamètre que les précédentes, mais non sinueuses sur leurs bords. C'est à la couche la plus extérieure du son, et plus spécialement dans cette partie qui correspond au sommet organique du péricarpe, que l'on observe ces poils nombreux linéaires, unicellulés, à canal étroit, qui fournissent l'un des caractères auxiliaires propres à constater la présence des remoulages dans le pain de 2.ᵐᵉ qualité, et dans les farines qui servent à le préparer.

La deuxième couche qui correspond à l'endocarpe, se compose également de cellules linéaires sinueuses sur leurs bords, mais au lieu d'être alternes, toutes sont situées parallèlement les unes aux autres, et dans leurs rapports, elles croisent à angle droit les cellules du mésocarpe, dont elles entraînent parfois une faible lame. Cette couche qui, comme la première, porte une cuticule fortement adhérente, entraîne aussi fréquemment avec elle une troisième lame à cellules aréolaires qui correspond à l'épisperme. Cependant, il arrive presque constamment que cette lame se sépare, alors que le blé a été humecté, ou que le son est soumis au remoulage.

Cette membrane mérite de fixer notre attention, car c'est dans l'intérieur des cellules qui la composent, que se trouve la majeure partie du gluten et toute la matière sucrée que l'on a constatée dans le son; matière sucrée qui donne aux farines contenant des remoulages leur saveur douceâtre, qui constitue l'un des caractères propres à servir d'appoint dans leur détermination. Cette membrane se présente sous forme de plaques composées de cellules discoïdes de 1/15 dcmm. contenant des granules azotés nombreux jaunissant sous l'action de l'iodure de potassium ioduré, et susceptibles de s'agglomérer en gouttelettes sphériques plus volumineuses au contact d'une solution faible de potasse caustique. Ces cellules ressemblent assez, alors qu'elles sont déchirées par la meule, au tissu aréolaire des graines des légumineuses; mais on les en distinguera 1.º par leurs dimensions plus réduites, leur régularité plus grande; 2.º par leur contenu qui n'est jamais féculent. Mais comme le tissu aréolaire des légumineuses est le seul caractère qui permette de prononcer sûrement si un pain a été confectionné avec de la farine, contenant des fécules des graines des plantes de cette famille, les dimensions plus grandes et l'irrégularité des mailles de ce tissu, restent seules avec une valeur réelle, puisque la dissolution des parties féculentes et glutineuses que, comme nous le verrons bientôt, l'on est obligé d'opérer pour rechercher ce tissu, entraîne celle des granules azotés des cellules discoïdes de l'épisperme.

Le périsperme qui, comme nous l'avons dit, constitue la fleur, soumis à l'examen microscopique, se compose 1.º de granules azotés qui s'agglomèrent immédiatement au contact de l'eau, et qui, par cette raison, donnent naissance à un magma qui trouble l'observation et nuit beaucoup aux détails des recherches que l'on veut faire sur la partie amylacée, aussi est-il convenable de séparer les granules d'amidon en faisant l'extraction préalable du gluten. Toutes les farines naturelles ne donnent cependant pas des granules azotés, susceptibles de s'agglomérer en masses glutineuses, et il nous est arrivé souvent d'en rencontrer, provenant de blés tendres exotiques d'Égypte, d'Algérie et d'Odessa, dont la matière azotée se présentait sous forme de granules de $\frac{1}{300}$ à $\frac{1}{200}$ de mm. de diamètre, en tout semblables à la légumine, et incapables d'adhérer entre eux au contact de l'eau. Les farines qui présentent un tel gluten sont sèches au toucher, donnent une pâte inextensible, sont d'un travail long difficile, et donnent un pain rude au palais et à l'arrière bouche.

Il suit de là qu'une farine qui ne donnerait pas de gluten à l'extraction, ne pourrait être réputée falsifiée ou avariée, si ce caractère existait seul. L'amidon se présente sous forme de disques lenticulaires, faiblement onduleux sur leur faces; ces disques, dont le diamètre varie, ne dépassent pas $\frac{1}{22}$ de millimètre; ils ne montrent ni lignes, ni ponctuations, mais il arrive fréquemment qu'ils paraissent elliptiques et comme marqués d'un sillon longitudinal; cette apparence résulte de leur position sur champ qui, les montrant sous leur petit diamètre, leur donne l'aspect d'une ellipse et à leurs ondulations l'apparence de lignes mal définies; mais il suffit de faire mouvoir légèrement les verres entre lesquels on les observe pour les changer de position, les faire tomber à plat, et prendre une idée nette de leur forme définitive.

Ces précautions ne sont pas inutiles, car l'aspect qui vient d'être signalé, est précisément celui que la fécule des légumineuses présente d'une manière permanente : l'on comprend, dès lors, l'importance qu'il y a à le bien définir.

Le germe ou embryon du blé que l'on retrouve dans la farine en proportions variables suivant le titre de bluttage se présente sous la forme d'un petit cylindre conoïde composé de cellules carrées ou linéaires, suivant qu'il est demeuré stationnaire ou qu'il a subi un mouvement germinatif.

Les caractères optiques des éléments organiques du blé ou d'une farine pure, étant bien connus de l'expert, il lui deviendra facile de faire la part des substances organiques étrangères, et de les déterminer en suivant les règles que nous nous proposons de tracer.

La composition chimique du blé n'est pas moins importante à connaître que les caractères optiques de ses éléments organiques, et cette composition, quoique susceptible de varier dans les quantités respectives des principes constituants, présente des écarts assez faibles et qui oscillent, en général, entre les moyennes suivantes :

ÉLÉMENTS CHIMIQ.ˢ de la farine brute.	QUANTITÉS p. %	
Eau.	15 à 16	
Matières grasses.	01,5 à 02	Quelques échantillons de blé
Gluten.	10 à 12	dur de Salonique contiennent
Albumine	01 à 02	jusqu'à 17 p. % de gluten.
Dextrine et sucre.	06 à 08	
Amidon.	56 à 64	
Cellulose.	02 à 02,5	
Sels.	01,3 à 01,5	Solubles. { Potasse . . . . . 16,00 / Phosph. de pot. 36,00 / Chlorure de pot. 00,16 / Sulfate de potass. 00,02 — Insolubles. { Phosphᵉ de chaux 47,00 / Silice. . . . . . . 00,55 / Oxides. . . : . 00,27

ÉLÉMENTS CHIMIQUES. du son.	QUANTITÉS p. %.	OBSERVATIONS.
Amidon dextrine-sucre..	50 à 52	Outre le sucre de canne,
Gluten.	14 à 15	le son contient une matière
Matières grasses	03 à 04	sucrée, analogue au sucre
Cellulose.	08 à 10	de réglisse.
Sels	05,2 à 05,7	Ces sels sont de même na-
Eau	14 à 15	ture et dans les mêmes rap-
Matières volatiles	01 à 01,5	ports que ceux de la farine.

Ces exemples nous montrent que le son renferme 6 à 7 fois plus de matières minérales que la farine brute, et cette dernière, une quantité à peu près double de la farine blutée qui séchée à 1,002 n'en contient que 0,75 à 0,82 p. %.

Dans la composition chimique des farines, trois éléments doivent plus particulièrement fixer l'attention de l'expert ; ce sont 1.º leur degré d'hydratation, sur lequel on s'appuie pour déterminer leur hydratation artificielle pratiquée dans un but de fraude ; 2.º la quantité de cendres qui sert de terme de comparaison pour évaluer les quantités de matières minérales qu'on leur ajoute, ou celles qui proviennent d'un blé mal nettoyé ; 3.º la quantité, et surtout la qualité du gluten, dont l'altération facile devient la source de nombreux mécomptes dans la manutention, le rendement et la qualité du pain.

1.º DES FARINES ALTÉRÉES.

Les farines qui sont livrées au commerce peuvent présenter des altérations diverses provenant, tantôt de celles que les blés qui ont servi à les préparer ont subies, tantôt, des conditions défavorables apportées dans leur conservation.

Les premières peuvent provenir :

1.º De blés récoltés avant maturité ;

2.º De blés germés ;

3.° De blés attaqués des charançons ;

4.° De blés moisis dans les silos, les bâtiments, les magasins humides ;

5.° De blés submergés ;

6.° De blés soumis à la mouture sans nettoyage préalable ;

7.° De l'échauffement sous les meules.

Les secondes proviennent des altérations survenues pendant la conservation ; elles peuvent être :

1.° Echauffées acides ;

2.° Echauffées et ammoniacales ;

3.° Echauffées et envahies par les sarcoptes ;

4. Echauffées et envahies par des cryptogames diverses.

1.° Les farines qui proviennent de blés récoltés avant maturité sont légères, grisâtres, d'une saveur sucrée ; leur pâte est molle, courte, sans tenacité ; leur gluten blanc grisâtre, peu abondant, noircit pendant la dessiccation ; elles contiennent une plus forte proportion de cendres et s'échauffent rapidement ;

2.° Les farines qui proviennent de blés germés présentent les mêmes caractères que les précédentes ; ils sont plus ou moins marqués suivant le degré de l'évolution germinative du jeune embryon, et la saveur sucrée est d'autant plus marquée que ce dernier est plus développé. On parvient à déterminer le degré d'accroissement de l'embryon en soumettant dix grammes de farine suspecte à l'action prolongée durant vingt-quatre heures d'une solution d'hydrate potassique à $\frac{1}{20}$ dans le but de dissoudre le gluten et l'amidon, et quand la solution est complète, ajouter au mélange 500 grammes d'eau à 50° et abandonner au repos, afin de laisser les débris de l'embryon se déposer, puis on les recueille pour les examiner au microscope ; les cellules dont ils se composent se montrent alors d'autant plus allongées que le mouvement germinatif a été plus prononcé. Dix grammes de farines devraient donner 240 germes ou environ, cependant on ne retrouve les débris que de quelques-uns dans les farines blutées, cela tient à ce qu'ils sont, pour la plupart, entraînés

avec le son. Les farines de blés germés s'échauffent rapidement,
leur matière sucrée se transforme en acides acétique et lactique
et ne tardent pas, si la température est favorable, à être envahies par les mycéliums de torulacées, de botrydées, de mu-
corées diverses que l'habitude du microscope et la connaissance exacte de ces petits êtres permettent seuls de déterminer
avec quelque certitude.

3.° Les farines qui proviennent de la mouture de blés cha-
rançonnés sont piquetées de taches grises et brunes provenant
des débris du squelette corné de ces coléoptères et, le microscope permet d'y constater en outre, des débris membraneux
blanchâtres provenant de l'enveloppe de leurs larves, avec des filaments de $\frac{1}{500}$ millimètres de diamètre qui sont ceux qui
forment le glacé qui recouvre les blés envahis par ces insectes;

4.° Les farines qui proviennent des blés submergés outre leur
aspect terne et leur saveur manifestement salée, donneront,
alors qu'elles auront été lessivées à l'eau distillée, un liquide
qui précipite abondamment par l'azotate d'argent en caillebots
blancs noircissant à la lumière, insolubles dans l'acide azotique
en excès, solubles dans l'ammoniaque liquide.

Les farines qui proviennent de blés mal nettoyés peuvent contenir accidentellement des fécules de nielle, de mélampyre,
d'ivraie, de grande vrillée bâtarde, etc. Mais dans le Nord, où
la culture est si soignée, il n'arrive jamais que les trois premières de ces plantes se multiplient dans les blés en assez
grande proportion pour qu'on ait à redouter leur présence dans
les farines. La grande vrillée, cependant, se développe assez
abondamment malgré les soins du cultivateur, mais les achaines
qu'elle laisse mélangés au grain n'ont rien de nuisible, et le seul
inconvénient à signaler à leur sujet résulte de la possibilité de
prendre une farine qui contient leur fécule pour un mélange
frauduleux de farine de sarrasin avec celle de froment.

La farine qui contient des achaines de grande vrillée bâtarde
présente une teinte bistre plus ou moins prononcée comme

celle qui contient du sarrasin ; elle est rude au toucher et d'une saveur légèrement amère. Vue au microscope, elle offre des fragments translucides, anguleux, très-durs qui, broyés sous les verres, se délitent en granules polyédriques nombreux de $^1/_{250}$ à $^1/_{150}$ de millimètre de diamètre, tandis que les mêmes fragments pris dans le sarrasin offrent des granules d'un diamètre double.

L'altération la plus commune qui résulte de la mouture du blé mal nettoyé consiste dans la présence de matières minérales terreuses et arénacées ; ces farines croquent sous les dents et leur incinération donne un résidu de cendres qui exprime, après réduction des sels normaux, la quantité de matières terreuses étrangères ;

6.º Les farines qui proviennent de blés moisis, outre l'odeur particulière qu'elles exhalent alors qu'on les humecte avec de l'eau à 50º, odeur qui rappelle celle des moisissures qu'elles contiennent, sont privées d'éclat, avec une teinte grisâtre ; leur saveur est âcre, privée d'amertume et tient avec persistance à l'arrière-bouche, le gluten et l'amidon dissous par une dissolution de potasse faible et le résidu séparé par repos et décantation, présente des débris de miceliums, quelquefois des spores et des débris de l'embryon ayant une teinte roussâtre entre les cellules desquels sont entremêlés des miceliums nombreux.

Il est heureux que de telles altérations soient assez rares, car de toutes celles que les farines subissent, c'est, sans contredit, l'une des plus nuisibles. Des symptômes d'empoisonnement tels que sécheresse et sentiment d'âcreté à la gorge, nausées, vomissements, diarrhée, coliques, faiblesses, sont la suite de l'ingestion du pain provenant de blés moisis.

7.º Les farines échauffées sont ternes, grisâtres ; leur saveur est souvent aigrelette ; délayées dans le double de leur poids d'eau distillée, elles font virer au rouge le papier bleu de tournesol ; tamisées, elles laissent sur la toile des portions conglomérées en fragments irréguliers et sont, comme celles qui précèdent, fréquemment envahies par des moisissures; mais elles s'en distinguent : 1.° par leur acidité ; 2.° par les débris des germes qui ne présentent rien d'anormal ; 3.° par les grumeaux dont elles sont parsemées ; leur gluten est à peine cohérent et d'une teinte plombée. Ces farines conservées dans des magasins mal abrités des vents chauds et humides, s'altèrent plus profondément encore dans leur gluten et laissent dégager, sous l'action d'une solution de potasse caustique concentrée, des vapeurs ammoniacales reconnaissables à l'odorat et mieux encore à l'aide d'une tige de verre imprégnée d'acide acétique que l'on promène au-dessus du mélange et qui provoque à l'instant la formation de vapeurs blanches facilement saisissables. C'est dans des conditions analogues que les farines sont envahies par les acarus, et, alors, outre les caractères d'acidité, la farine est légère, cotonneuse au toucher et comme feutrée ; tassée entre deux feuilles de papier pour en lisser la surface, elle ne tarde pas à se feutrer de nouveau et, avec un peu d'attention, on peut, à l'œil nu, discerner que ce changement est dû au fourmillement des acarus qui se dégagent de l'étreinte où la compression les avait mis. La farine examinée au microscope montre de nombreux filaments d'une très-grande ténuité, semblables à ceux d'une toile d'araignée et des cocons formés de ces mêmes filaments dans lesquels sont agglomérés de petits œufs de $\frac{1}{200}$ de millimètre de diamètre. On y remarque aussi des acarus vivants et souvent les débris de ces êtres provenant de générations éteintes. Le gluten est diminué de quantité, mou, grisâtre, facile à désunir ; la pâte est d'un blanc grisâtre, courte et peu tenace.

Les farines échauffées sous la meule, présentent l'aspect extérieur des bonnes farines, seulement elles sont plus fines, plus douces au toucher, plus faciles à tasser ; leur odeur rappelle celle de la pierre à fusil que l'on frotte sur un corps dur ; leur pâte est souvent assez longue, mais peu tenace, et une fois levée ne tient pas ferme et s'étale considérablement au four, et le pain gagne en croûte; le gluten est mou, très-extensible mais peu cohérent et brunit légèrement par la dessiccation. Cette altération du gluten sous les meules et qui devient plus préjudiciable au boulanger qu'au consommateur, est le résultat d'un travail trop précipité pendant lequel les produits de la mouture s'échauffent au-delà de 38°, terme qu'il ne faudrait jamais dépasser pour obtenir un produit irréprochable.

2.° DES FALSIFICATIONS DES FARINES

Presque toutes les falsifications dont les farines sont l'objet consistent dans leur mélange avec des farines de céréales d'un prix relativement peu élevé, telles que celles d'orge, de maïs, de seigle, d'avoine et, plus rarement de riz, ou avec des fécules diverses dont les principales sont celles des légumineuses, du sarrazin, de la pomme de terre. Plus rarement, la fraude recourt à l'emploi des tourteaux de betterave, de lin ou à celui de matières minérales, telles que les os, la craie, le sable, le plâtre, la terre de pipe, l'alun, le carbonate de soude, etc.

1.° *Fécule de pomme de terre.*

Les moyens indiqués pour reconnaître la présence de la fécule dans les farines sont très-nombreux et, pour la plupart, insuffisants. L'un de ceux que l'on vante encore aujourd'hui comme propre à reconnaître cette fraude, et qui est dû à M. Boland, consiste à triturer dans un mortier de biscuit, la farine suspecte, la fécule plus volumineuse que l'amidon du blé se déchire la première, et le produit lessivé et filtré donne un liquide qui bleuit par la solution d'iode. Ce moyen est très-propre à induire en erreur, car il arrive fréquemment que l'amidon s'écrase sous la meule dans les moutures fines et communique à l'eau qui a lessivé la farine la propriété de bleuir par l'iode, de même qu'une farine fasifiée avec les fécules des légumineuses, donne de semblables résultats, alors qu'on la triture dans un mortier, même très-légèrement; les granules

amylacés des graines de ces plantes étant plus volumineux que l'amidon du blé et plus faciles à broyer que ceux
de la fécule de pomme de terre. Le procédé de M. Payen, qui
consiste à traiter la farine suspecte par une solution de potasse
caustique à $1/_{55}$ est bon à suivre pourvu que l'on ait à sa disposition une bonne loupe ou un doublet, il suffit, après avoir
étendu sur une plaque de verre une quantité très-minime de
farine, de l'humecter avec la solution potassique, et, après
quelques instants de contact, d'ajouter au mélange une goutte
d'une solution faible d'iodure ioduré de potassium pour qu'il
soit facile de reconnaître à la loupe les granules de fécule fortement gonflés, déformés et bleuis, tandis que ceux d'amidon
conservent leur volume. Cependant, il est de remarque que la
fécule des légumineuses se comporte à peu près de même et que,
pour éviter toute erreur, il est plus convenable de recourir
à l'examen microscopique de la farine suspecte privée de
son gluten. La fécule de pomme de terre a une forme et surtout
une texture si spéciale, que ce caractère, joint à son volume,
ne peut laisser place à l'erreur ; elle est formée de granules
ovalaires ou obscurément triangulaires, présentant, pour la plupart, une petite cicatrice ou hile sur le côté duquel la matière
amylacée s'est déposée en couches concentriques dont le pouvoir réfringent diffère dans chacune d'elles, ce qui permet de
les distinguer facilement en employant un éclairage à rayons
parallèles ; leur diamètre très-variable, mais qui atteint jusqu'à
$1/_7$ de mm. joint aux caractères qui viennent d'être exposés,
ne permet pas non plus de les confondre avec d'autres fécules.
Pour l'appréciation des quantités mélangées, voici le procédé
dont je me sers et qui est applicable à tout autre mélange féculent dont les granules ont une forme bien déterminée et facilement saisissable avec le microscope. La farine suspecte est
triturée dans un petit mortier de manière à rendre toutes les
portions homogènes, puis de très-petites portions sont étalées
sur le porte objet, humectées d'eau et recouvertes d'une glace à

laquelle on imprime un mouvement de glissement latéral de manière à obtenir une couche dans laquelle les granules sont situés les uns à côté des autres et sans se recouvrir par leurs bords, ce qui gênerait la vision ; puis la préparation est amenée au foyer des lentilles, et l'on fait le compte approximatif de la fécule et des granules d'amidon en ayant égard au volume des uns et des autres, on répète cinq à six fois cette opération et l'on déduit une moyenne qui exprime aussi exactement que possible les rapports des parties mélangées. Avec un peu d'habitude, il est rare que l'on s'écarte d'un dixième ; les aveux de plus d'un délinquant m'ayant appris que ces appréciations étaient exactes.

2.° Fécules des légumineuses.

Le prix relativement peu élevé des féverolles, des fèves et des vesces, les propriétés qu'ont leurs farines de faciliter la levée de la pâte, le travail des petites farines et de celles dont le gluten a perdu ses qualités plastiques par l'échauffement ou la mouture, jointe à celle de permettre l'introduction d'une plus grande quantité d'eau dans le pain en lui donnant une croûte dorée plus engageante, sont fréquemment introduites dans les farines par la meunerie et la boulangerie. Cette fraude, même employée sur une faible échelle, présente de graves inconvénients; d'une part, parce qu'elle permet de déguiser temporairement les défauts des farines de qualité médiocre, et de l'autre, parce qu'elle ne tarde pas à contribuer à les altérer plus profondément en déterminant leur fermentation et provoquant la dissolution partielle ou totale de leur gluten, suivant les rapports du mélange, et son degré d'ancienneté; altérations qui obligent quelquefois de les bannir de la classe des substances alimentaires et peuvent amener la ruine de celui qui les avait acquises, les croyant exemptes de mélanges et propres à une bonne conservation. La chimie indique de nombreux moyens pour reconnaître ce genre de fraude ; mais les erreurs fatales commises par les experts qui les ont exclusivement employés, prouvent mieux que

je ne saurais le faire, leur insuffisance, et si je rappelle ici quelques-uns de ces procédés considérés comme les meilleurs, ce
n'est qu'à titre de moyens auxiliaires. MM. Galvani, Robine,
Martens, Cavalié, Lecanu, Rodriguez, Donny, Lassaigne, De-
paire, Loyet, Frésénius, ont traité ce sujet; les uns en s'appuyant sur les caractères propres de la légumine, sur ceux
fournis par le gluten du mélange frauduleux; les autres, en
s'appuyant sur la quantité, la nature des cendres ou sur
l'examen microscopique.

Ainsi, M. Martens propose de traiter la farine par le double
de son poids d'eau distillée, de laisser macérer deux heures en
agitant de temps en temps, puis de filtrer; le liquide, au cas où
la farine contient celle des légumineuses, louchit par l'addition
d'acide acétique ou phosphorique trihydraté. Mais ce caractère,
qui est à peine marqué quand la fraude a eu lieu dans de
faibles proportions, ce qui est le cas le plus ordinaire, appartient aussi aux farines de sarrasin, de maïs, de vrillée, et, à la
plupart des farines de blés tendres d'Egypte et d'Odessa et ne
peut, en conséquence, être tout au plus employé que comme
caractère auxiliaire. La même objection devient applicable au
procédé de M. Leménant des Chénais qui ne diffère du précédent que parce qu'il isole complètement la légumine dont
le poids sert à déduire la quantité de farine des légumineuses
ajoutée à celle du blé.

Le procédé de M. Donny, considéré comme spécialement
applicable à la recherche des farines de fèves, de féverolles et de
vesces et qui consiste à exposer successivement le mélange so-
phistiqué à l'action des vapeurs d'acides nitrique et d'ammoniaque, quoique pouvant mettre sur la voie de la fraude, n'est pas
plus décisif que ceux qui précèdent; car bon nombre de farines
pures de tout mélange nous ont donné, avec son procédé, la
teinte pourpre indiquée comme propre à caractériser les farines
des légumineuses dont il vient d'être question. Est-il besoin de
rappeler à ce sujet, la malheureuse affaire ou un expert fut obligé

de reconnaître qu'il avait eu tort de se fier à un tel procédé. La légumine n'étant pas exclusivement propre aux légumineuses, il suit que tout procédé de recherches basé sur la présence de cette substance peut conduire à l'erreur et doit être abandonné. Il en est de même de ceux qui reposent sur les caractères que les farines des légumineuses communiquent au gluten de la farine de blé avec laquelle elles sont mélangées, ces caractères n'étant assez tranchés qu'autant que le mélange frauduleux a lieu dans des proportions que la fraude n'atteint jamais. Les mêmes reproches peuvent s'appliquer au procédé de M. Loyet, qui consiste à doser les cendres qui sont en quantité double quand la farine sophistiquée contient $1/_{10}$ de farine de légumineuses, car chacun sait que le blé plus ou moins nettoyé laisse dans les farines une proportion variable de cendres dont la nature dans les terrains gypseux participe des éléments de celle des légumineuses.

La seule méthode à suivre est celle qui repose sur les caractères chimiques, optiques et organoleptiques ; elle ne laisse aucune place à l'erreur si l'on suit la marche que nous allons indiquer et qui est, à quelques modifications près, celle qui a été tracée par M. Lecarnu.

La farine qui contient celle des légumineuses, même en petite proportion, présente une saveur analogue à celle des haricots crus ; délayée dans un peu d'eau chaude, elle exhale l'odeur de ces graines, et sa pâte, si le mélange atteint 4 à 5 p. $^{\circ}/_{\circ}$, adhère facilement aux doigts. Cette pâte, humectée et malaxée, offre un aspect gras ; elle est douce au toucher, glisse entre les mains comme la pâte du savon, et si le mélange frauduleux a eu lieu à une date déjà un peu ancienne, ou, si fait récemment, la proportion de farine des légumineuses dépasse 8 à 10 p. $^{\circ}/_{\circ}$, cette pâte se désagrège en grumeaux lisses qui s'échappent des doigts sans donner de gluten. Alors il convient de recourir à la malaxation dans un nouët de linge à tissu serré, et si le gluten s'échappe encore avec la fécule, on recueille toujours les parti-

cules de son mélangées au tissu réticulé propre aux légumineuses que l'on examine au microscope. Ce dernier tissu sera
distingué des cellules discoïdes de la lame épidermique du blé
qui se détache de la face interne du son par l'irrégularité et les
dimensions plus grandes de ses cellules, ainsi que par la présence
de quelques granules féculents caractéristiques que ces dernières retiennent ; les cellules épispermiques ne contenant que
des granules azotés que la solution d'iode colore en jaune. Cette
première épreuve faite, les eaux de lavage sont décantées et
l'amidon recueilli est soumis par très-petites portions à
l'examen microscopique et, montre des grains quelquefois irréguliers, mais pour la plupart elliptiques, marqués d'un sillon
longitudinal simple ou rameux. Ces granules, plus volumineux
que ceux d'amidon, supportant seuls le poids du verre supérieur
s'écrasent par une légère pression exercée sur celui-là, en se
fendant dans la direction des lignes observées. S'agit-il d'apprécier le degré de la fraude ? Après avoir trituré la farine avec
ménagement dans un mortier de porcelaine, afin de rendre le
mélange aussi homogène que possible, on la place à plusieurs
reprises et par petites portions sur le porte-objet avec une goutte
d'eau, et on imprime un mouvement de glissement au verre
supérieur, de manière à obtenir une couche où les granules ne se
touchent pas par leurs bords, ce qui gênerait la vision, puis on
amène au foyer des lentilles, et l'on fait le compte des granules,
des légumineuses et de ceux d'amidon eu égard à leur volume.
On recommence cinq à six fois l'opération, puis l'on déduit une
moyenne que l'on augmente d'un cinquième pour faire la part
du tissu réticulé, de l'excédent du poids de la légumine sur celui du gluten et des granules sur lesquels le sillon n'est pas ap-
parent. Cette détermination faite, on pourra chercher à spécifier
l'espèce de farine de légumineuse employée à la fraude en examinant, surtout, les caractères du gluten sec qui est : vert foncé,
avec la farine de pois ; blond, avec celle des haricots ; jaune
brun, avec celle des lentilles ; noirâtre, avec celle des vesces,

rosé avec celles des féverolles et des fèves, et, en étudiant ensuite la texture des parcelles de l'épisperme que l'on pourra recueillir, et les comparant avec celui de la graine que l'on suppose avoir servi à la fraude.

MÉLANGE DE FARINES DE BLÉ ET DE MAÏS.

Le mélange de farine de maïs à celle de blé donne à cette dernière une teinte citrine faible, elle est rude au toucher, d'une saveur faiblement sucrée ; pétrie, elle fournit une pâte plus ou moins courte, laquelle, malaxée dans une nouët de toile à tissu serré, donne un gluten mêlé de son et de grains très-durs lesquels peuvent être séparés par le layage de ce dernier dans une petite quantité d'eau, et se déposent au fond du vase employé au lavage. Ces fragments vus au microscope sont anguleux, demi-transparents, marqués de lignes mal définies et qui se coupent sous divers angles ; comprimés entre les verres, ils se divisent en granules polyédriques dont les plus volumineux présentent un diamètre de $^1/_{45}$ de millimètre. Le gluten est jaunâtre, très-foncé et ne s'étale pas sur la soucoupe. Une petite portion de farine suspecte traitée par l'acide azotique concentré de manière à former un mélange demi liquide, puis étendue d'eau, laisse déposer des particules rougeâtres, mélangées de parties féculentes indissoutes, lesquelles particules additionnées d'une solution de potasse caustique en excès, prennent une teinte cramoisie. Les parties féculentes indissoutes examinées au microscope se présentent sous la forme de polyèdres unis entre eux, semblables au tissu cellulaire régulier. Un autre caractère d'une grande valeur et facile à obtenir, consiste à traiter la farine par la méthode de déplacement et à essayer les premières portions de liquide filtré par une solution d'iodure de potassium ioduré qui les colore en bleu foncé. MM. Letulle et Lassaigne croyent s'être assurés qu'une solution de potasse à $^1/_{15}$ ajoutée à la farine qui contient du maïs lui communique une teinte jaune verdâtre caractéristique; mais ce moyen est loin d'avoir la valeur qu'on lui prête, car la farine de froment qui contient de la farine d'avoine et toutes celles qui contiennent des remoulages présentent la même réaction.

MÉLANGE DES FARINES DE BLÉ ET DE SARRASIN.

Le mélange de farine de blé et de sarrasin est d'un blanc terne pointillé de parcelles grises ou noirâtres, rude au toucher et d'une saveur très-légèrement âcre. Une telle farine amenée à l'état de pâte donne à la malaxation un gluten d'extraction facile d'un gris noirâtre qui noircit plus ou moins pendant la dessiccation. Cette même pâte, malaxée dans un nouët à tissu serré, donne avec le gluten des fragments roussâtres, rudes au toucher, qui, séparés par le lavage et la livigation, se présentent au microscope, sous l'aspect de fragments anguleux transparents, formés par la réunion de cellules polygonales, fortement pressées les unes contre les autres et emplies de granules féculents polygonaux de $\frac{1}{100}$ de millimètre de diamètre, fortement pressés et adhérents les uns aux autres ; la pression les délite facilement si elle est accompagnée d'un mouvement de glissement des verres l'un sur l'autre. La même farine traitée par une solution de potasse caustique concentré, puis délayée dans une grande quantité d'eau tiède, donne un dépôt de son mêlé de particules noirâtres et grises qui présentent les caractères optiques suivants :
1.º Les unes, celles qui résultent des débris du péricarpe, ne présentent d'abord qu'une masse d'une teinte fauve sans organisation appréciable, mais traitées par l'acide azotique concentré, elles se montrent composés de cellules linéaires, roussâtres, non sinueuses sur leurs bords et formant une couche épaisse ;
2.º les autres, qui résultent des débris de l'épisperme, sont formées à la partie externe de cellules tubulaires de $\frac{1}{10}$ de millimètre de longueur sur $\frac{1}{20}$ de millimètre de largeur et marquées de deux ou trois larges sinus sur leurs bords latéraux. Cet épisperme est

très-transparent et par conséquent très-difficile à distinguer dans ses éléments.

MÉLANGE DE FARINES DE BLÉ ET DE RIZ

La farine de blé falsifiée avec celle de riz est blanche, douce ou rude au toucher, suivant son état de division; amenée à l'état de pâte, malaxée dans un nouët à tissu serré, elle donne un gluten qui, lavé à nu dans l'eau, abandonne des fragments transparents, lesquels, examinés au microscope, se montrent marqués de lignes obscures circonscrivant de larges cellules dans lesquelles on voit entassés des granules amylacés, fortement comprimés et polyédriques. Ces fragments, comprimés entre les verres, se dilitent partiellement et avec difficulté en granules anguleux d'une dimension moyenne de $^1/_{100}$ à $^1/_{50}$ de millimètre de diamètre.

MÉLANGE DE TOURTEAU DE LIN ET DE FARINE DE SEIGLE.

La farine de froment n'a pas été falsifiée avec le tourteau de lin, mais celle du seigle nous a présenté deux fois cette falsication. La farine ainsi frelatée est d'un gris terne ; elle présente un aspect gras et répand alors qu'on l'humecte d'eau tiède, une odeur d'huile rance très-prononcée. Soumise à l'action de la diastase, et le résidu insoluble repris par l'acide acétique, elle donne un dépôt de particules roussâtres qui, placées sur le porte-objet du microscope, présentent, d'un côté, celui qui correspond à la partie externe de l'épisperme, des cellules discoïdes d'une teinte jaune, et de l'autre, celui qui correspond à sa face interne, des cellules linéaires de $^1/_{100}$ de millimètre de diamètre, à parois épaisses et très-serrées les uns contre les autres. Le procédé de M. Donny, quoique moins complet que le nôtre, peut être également employé. Il consiste à délayer la farine dans une solution de potasse à $^1/_7$ et à l'examiner à un faible grossissement qui y fait découvrir de petits fragments carrés, rougeâtres, provenant des débris de l'épisperme de la graine de lin.

MÉLANGE DE FARINE DE BLÉ ET D'AVOINE.

La farine de blé mélangée à celle d'avoine est d'un blanc grisâtre d'une saveur fade, avec un arrière-goût faiblement amer; sa pâte, qui est grisâtre, malaxée sous un filet d'eau, donne un gluten gris noirâtre ou d'une teinte plombée, suivant la proportion du mélange; ce gluten ne s'étale pas sur la soucoupe, noircit en se desséchant, et montre, à sa surface, un grand nombre de petits points provenant de l'épisperme du grain, épisperme qui est d'un blanc plus éclatant que celui du blé. La farine suspecte examinée au microscope, présente des granules arrondis ou ovalaires d'une teinte ambrée, plus volumineux que les granules d'amidon et comme fendillés en divers sens; ces granules, comprimés sous les verres, se délitent en fragments irréguliers d'un diamètre moyen de $\frac{1}{100}$ de millimètre. La farine, agitée et comprimée sous les verres, montre un nombre d'autant plus considérable de ces fragments anguleux que la fraude a été faite en plus grande proportion. Cette même farine, dissoute par une dissolution de diastase brute, et le résidu repris par une solution de potasse caustique à $\frac{1}{60}$, donne un dépôt de particules dans lesquelles on découvre des paillettes dont la face interne est composée de cellules linéaires, ortement onduleuses sur leurs bords et, l'externe, de cellules linéaires non-ondulées.

MÉLANGE DE FARINE D'ORGE.

La farine de blé, mélangée de farine d'orge est blanche, sans saveur agréable, se pelote mal et exhale fréquemment l'odeur de moisi; elle donne une pâte qui fournit d'autant moins de gluten que la fraude a lieu dans une plus forte proportion, ce gluten est désagrégé vers la fin de son extraction, sec, non visqueux et paraît formé de fragments vermiculés intriqués les uns dans les autres, filaments qui ne s'effacent que par une malaxation prolongée. Ce gluten ne s'étale pas pendant la dessiccation. Une telle farine traitée par le diastase brute durant 5 à 6 heures, à une température de 60°, et le résidu repris par une solution de potasse à $\frac{1}{50}$ laisse un dépôt de petit son dans lequel on rencontre parfois des paillettes formées de cellules étroites, linéaires, très-épaisses et munis, souvent, sur leurs bords, de poils courts, robustes, hispides.

MÉLANGE DE FARINE DE BLÉ ET DE SEIGLE.

Le mélange de farine de blé et de seigle, donne une farine terne d'une saveur particulière qu'il suffit d'avoir aperçue une fois pour la reconnaître; sa pâte est visqueuse, adhère aux doigts et donne à la malaxation un gluten visqueux noirâtre, peu cohérent, qui se désagrège avec facilité et s'étale très-plat sur la soucoupe. La farine examinée au microscope présente des grains d'amidon fréquemment fendus en étoile et beaucoup plus nombreux que ceux que l'on trouve dans la farine pure de mélange. Ce caractère, est, comme on le voit, très-accessoire, mais ceux fournis par la teinte de la farine, la viscosité de la pâte, la saveur particulière, et l'aspect si caractéristique du gluten ne permettent pas de méconnaître la fraude.

MÉLANGE DE FARINE DE FROMENT ET DE REMOULAGES.

La farine de froment est très-fréquemment mélangée de gruaux bis et de recoupettes remoulus; cette falsification qui a pour effet d'appauvrir ses qualités nutritives, par cela que les portions ligneuses du blé que ces remoulages contiennent, quoique renfermant des matières assimilables, résistent beaucoup plus que la farine pure à l'action des organes digestifs, présente, en outre, le grave inconvénient de se farcir de moisissures invisibles à l'œil nu, de s'acidifier promptement et de se rancir dans la petite portion de matière grasse provenant du son, altérations qui ont produit chez les personnes qui se sont nourries de pains faits avec de telles farines, les mêmes accidents que ceux que l'on observe par l'usage des farines moisies.

Ce mélange présente une saveur sucrée s'il a été fait avec des remoulages frais, il est, au contraire, fortement acide et âcre, s'il a été préparé à l'aide de remoulages anciens. La nuance est terne, grisâtre, le toucher très-moelleux et l'aspect feutré. Délayé dans l'eau, la surface du liquide montre de très-fines pellicules grisâtres et le mélange additionné de potasse caustique prend une teinte jaunâtre ; pétri avec l'eau, il donne lieu à une pâte courte, adhérente aux doigts ; cette pâte donne, suivant les proportions du mélange, peu ou point de gluten. Une telle farine, vue au microscope, montre les diverses couches qui composent le son, désagrégées en fragments menus, parmi lesquels ceux de l'épisperme (à cellules polygonales granuleuses) dominent.

Les falsifications des farines par les substances minérales insolubles sont si faciles à dévoiler, qu'il est bien rare de les voir frelatées par ces substances ; d'ailleurs, l'expert est infailliblement amené à les découvrir par la calcination à blanc des échantillons suspects qu'il examine, calcination que, quoique longue, il ne peut se dispenser d'effectuer s'il veut, comme il le doit, se donner la satisfaction de n'avoir rien négligé qui puisse l'éclairer. Or, toutes les fois que le résidu exempt de matières charbonneuses dépassera 0,85 p. %, pour les farines blutées, et, 1,80 p. %, pour les farines brutes, on devra : 1° soupçonner des mélanges de remoulages, d'avoine, d'orge, de farines des légumineuses ; 2.° des substances minérales ajoutées ou laissées à dessein ou par négligence suivant l'excédant trouvé.

Dire, dans ces cas, comment on reconnaîtra le sable, l'argile, les carbonate, phosphate et sulfate de chaux introduits dans les farines dans le but d'en augmenter le poids, et, les carbonates de soude, de potasse, de magnésie, la chaux, ajoutés pour masquer leur acidité ou favoriser la levée de la pâte, serait ne rien ajouter à ce que tous les traités apprennent.

Telles sont les principales fraudes et altérations dont les fa-

— 28 —

rines sont l'objet et, les moyens les plus propres, à notre avis ,
d'arriver à leur constatation. Il nous reste à exposer sommairement la marche à suivre pour arriver méthodiquement à ce résultat, en prévenant, toutefois, que les caractères qui servent à
cette détermination, sont loin d'avoir tous la même valeur et
qu'ils sont plus ou moins tranchés suivant la proportion du mélange ou le degré d'altération et, qu'il faut toujours réunir une
certaine somme de ceux du deuxième ordre pour avoir l'équivalent de ceux du premier degré les seuls qui, isolés, permettent
de prononcer sûrement. Ces derniers caractères sont marqués
d'une astérisque.

CARACTÈRES.	Altérations ou mélanges qu'ils caractérisent ou font supposer.
1.° Nuance et aspect.	
Grisâtre plus ou moins terne.........	Remoulages.
	Sarrasin.
	Avoine.
	Vesces.
	Seigle.
	Farines de blés sub-mergés.
	Id. de blés non murs
	Id. id. germés.
	Id. moisies.
	Id. échauffées.
Piquetée de points noirs............	Nielle.
	Sarrasin.
	Vesces.
	Farine de blé charan-çonné.
Aspect feutré....	Remoulages.
	Acarus.
	Moisissures.

CARACTÈRES.	Altérations ou mélanges qu'ils caractérisent ou font supposer.
Jaunâtre	Maïs. Fèves. Pois. Farines naturelles (quelques).

2.º Toucher.

Rude	Sarrasin. Riz. Maïs. Mouture grosse. Blés durs.
Moelleux	Remoulages. Acarus. Moisissures.

3.º Odeur.

De fèves ou de haricots frais..........	Farine des légumin[ées].
De pierre à fusil que l'on frotte sur un corps dur.....................	Farines échauffées sous la meule.
De moisi	Farine envahie par les moisissures.
Ammoniacale ou sulfhydrique	Farines putréfiées
De pâtisserie......................	Maïs.

4.º Saveur.

Sucrée......................	Remoulages. Maïs. Farines de blés germés Id. id. non murs
De fèves ou de haricots frais..........	Farine des légumin[ées].
Salée..........................	Id. de blés submergés

CARACTÈRES.	Altérations ou mélanges qu'ils caractérisent ou font supposer.
Acide	Farines échauffées. Alun.
Acre	Remoulages anciens. Moisissures.
Acide et astringente................	Alun.
Astringente et sucrée	Chaux.
Croquant sous les dents	Substances minérales dures.

5.º Essai de la farine délayée dans le double de son poids d'eau distillée.

Le mélange additionné d'une solution de potasse caustique au dixième se colore en jaune.................	Maïs. Remoulages. Avoine. Farine non blutée dont le son est divisé.
Le mélange additionné d'une solution de potasse caustique concentrée, se colore en jaune et dégage de l'ammoniaque........................	Farines putréfiées.*
Le mélange additionné d'acide faible, fait effervescence................	Carbonates.
La farine délayée dans l'acide azotique concentré en grand excès, puis étendue d'eau, laisse déposer des particules rougeâtres, grenues virant au pourpre par l'addition de potasse caustique en excès	Maïs.*

6.º Essai de l'eau de lixiviation obtenue aussi saturée que possible.

Précipite en blanc, par l'iodure de potassium ioduré, louchit par l'acide acétique......................	Farine des légumin^{ses}.
Fait virer rapidement au rouge, le papier de tournesol................	Alun. Farines échauffées.

CARACTÈRES.	Altérations ou mélanges qu'ils caractérisent ou font supposer.
Bleuit fortement la solution d'iode ...	Maïs.*
Fait virer au bleu le papier rouge de tournesol.....................	Chaux. Carbonates alcalins.
Précipite le chlorure de barium en blanc, le précipité est insoluble dans l'acide azotique, --- précipité en blanc par l'ammoniaque ; ce précipité se dissout dans la potasse caustique.........	Alun.*
Fait effervescence avec les acides....	Farines putréfiées. Carbonates solubles.
Précipite en blanc par l'azotate d'argent, le précipité qui résiste à l'acide azotique, se dissout dans l'ammoniaque......................	Farines de blé submergé.
La liqueur évaporée et le résidu calciné à blanc, repris par l'eau distillée en petite quantité, précipite en jaune serin, par le chlorure de platine....	Carbonate de potasse.*
Le même résidu soluble jaunit par le même réactif sans précipiter, et fait effervescence avec les acides	Carbonate de soude.*
Précipite en blanc, par l'insufflation de l'air expiré	Chaux.*
Précipite en blanc par l'oxalate d'ammoniaque, le précipité calciné donne de la chaux......................	Chaux ou sel de cette base.

7.º Examen à la loupe des particules séparées par tamisation.

Son mêlé de particules étrangères, brunes ou noires...............	Sarrasin. Féverolles. Vesces. Farines de blés charançonnés. Nielle.

CARACTÈRES.	Altérations ou mélanges qu'ils caractérisent ou font supposer.
Son mêlé de flocons duveteux.......	Toiles d'acarus. Glacés des blés.
Son mêlé de portions de farines con-glomérées..................	Farines échauffées. Farines mouillées.
Son mêlé de paillettes étroites rousses ou brunes...................	Avoine. Orge.
Son mêlé de fragments durs, anguleux demi-transparents, s'écrasant bien sous les dents, et susceptibles d'aug-menter la consistance d'une petite quantité d'eau dans laquelle on les fait bouillir..............	Gruaux des blés durs. Maïs. Riz. Sarrasin. Vrillée:

8.º *Examen microscopique de la farine tamisée et de l'amidon obtenu après l'extraction du gluten.*

Granules de forme lenticulaire attei-gnant jusqu'à $\frac{1}{23}$ de mm. de diamètre (amidon)...................	Orge. Blé. Seigle.
Granules de forme lenticulaire marqués de lignes étoilées au centre........	Seigle.
Granules de fécule elliptiques ou ova-laires, rarement irréguliers avec un sillon longitudinal simple ou rameux, plus épais que ceux du blé, se fen-dant sous une faible pression dans la direction du hile...............	Farine des légumin[ses].
Granules elliptiques, avec apparence de sillon mal défini...............	Amidon du blé vu de champ.
Granules irréguliers, marqués de zônes d'accroissement déjetées d'un seul côté du hile, atteignant jusqu'à $\frac{1}{7}$ de mm. de diamètre.............	Fécule de pomme de terre.

CARACTÈRES.	Altérations ou mélanges qu'ils caractérisent ou font supposer.
Fragments anguleux, translucides formés par la réunion de cellules polygonales, contenant des granules amylacés très-pressés et polygonaux de $\frac{1}{100}$ de mm., se délitant sous la pression exercée sur les verres	Sarrasin.*
Fragments anguleux, sans apparence de cellules, formés par la réunion de granules amylacés polyédriques, se délitant difficilement par la pression exercée sur les verres; quelques-uns de ces granules atteignent $\frac{1}{40}$ de mm. de diamètre................	Maïs.*
Fragments anguleux, transparents, marqués de lignes mal définies, circonscrivant de larges cellules irrégulières, lesquelles contiennent des granules amylacés, pressés les uns sur les autres de $\frac{1}{100}$ à $\frac{1}{150}$ de mm. de diamètre, anguleux, très-difficiles à déliter par la pression	Riz.*
Fragments anguleux ou arrondis, croquant et rayant les verres sous le frottement de ceux-ci; ne donnent pas de bulles gazeuses dans l'eau acidulée du porte objet.............	Sable.*
Fragments irréguliers donnant des bulles gazeuses dans l'eau acidulée du porte objet......................	Craie carbonate.
Filaments de $\frac{1}{600}$ de mm. de diamètre, semblables à ceux de la toile d'araignée........e..............	Toile d'acarus. Glacé des charançons.
Conglomerat des mêmes filaments avec des granules arrondis de $\frac{1}{300}$ de mm. de diamètre................	Œufs d'acarus.
Octopode munis de poils hispides ou ses débris.............	Acarus.

CARACTÈRES.	Altérations ou mélanges qu'ils caractérisent ou font supposer.

9.º *Caractères de la pâte.*

Pâte courte, mais tenace............	Quelques farines de blés d'Egypte, d'Odessa, d'Algérie.
Pâte courte, grisâtre peu tenace......	Seigle. Remoulages. Avoine. Petites farines. Farines échauffées.
Pâte adhérente aux doigts...........	Seigle. Farine des légumin⁻ˢᵉˢ. Remoulages Tourteau de lin.
Pâte grasse, savonneuse, faisant mousser l'eau par son mélange avec ce liquide.	Farine des légumin⁻ˢᵉˢ.
Pâte se désagrégeant sans donner du gluten pendant la malaxation, ou n'en fournissant que des parcelles désagrégées..................	Légumineuses en forte proportion. Petites farines. Remoulages. Quelques variétés de blés.

10.º *Caractères fournis par le gluten et son extraction.*

Farines ne donnant pas ou peu de gluten	Remoulages. Quelques blés tendres d'Odessa, d'Egypte, d'Algérie. Farine des légumineuses en forte proportion.
Gluten visqueux noirâtre, s'étalant très-peu sur la soucoupe..........	Seigle.

CARACTÈRES	Altérations ou mélanges qu'ils caractérisent ou font supposer.
Ne donnant que 24 à 25 p. % de gluten.	Farine de 3ᵉ qualité. Id. de blés germés Id. d'orge en forte proportion. Id. maïs, id. Id. d'avoine, id. Id. de sarrasin, id.
Gluten se divisant en petits grumeaux impossibles à réunir	Farines des légumineuses, le mélange étant déjà ancien.
Farine donnant 33 à 36 p. % de gluten blond plastique	Farine 1ʳᵉ qualité.
Gluten désagrégé, vermiculé en filaments tordus vers la fin de l'extraction; ne s'étale pas sur la soucoupe.	Orge en forte prop.
Gluten d'une teinte verdâtre	Farine de pois.
Gluten blond-jaunâtre	Farine de haricots.
Gluten ne s'étalant pas sur la soucoupe.	Avoine. Maïs.
Gluten d'une teinte rosée	Féverolles. Fèves.
Gluten noircissant par la dessiccation .	Vesces. Avoine. Sarrasin. Echauffées.
Gluten jaune et ferme	Maïs.
Gluten humide, blanc grisâtre	Farines de blés germés Id. id. non murs Id. échauffées. Id. moisies.
Gluten à peine cohérent	Moisies. Echauffées. Envahie par les acarus

CARACTÈRES.	Altérations ou mélanges qu'ils caractérisent ou font supposer.
Gluten piqueté de points blancs nombreux	Avoine.
Gluten mou tremblottant, peu tenace..	Farine échauffée sous la meule.

11.° Caractères optiques fournis par le résidu de l'action successive de la diastase brute et de l'acide acétique faible.

Membrane formée de cellules de $1/90$ de mm. de largeur, marquées sur leurs bords latéraux de deux ou trois grands sinus (épisperme) ·	Sarrasin.
Paillettes composées de cellules étroites, linéaires à parois épaisses ; ces paillettes présentent quelquefois des poils hispides sur leurs bords	Orge.
Membrane pellucide sans organisation apparente (cuticule)	Blé.
Membrane jaunâtre, formée de cellules linéaires sinueuses sur leurs bords, de $1/50$ de mm. de diamètre ou environ, doublée de cellules linéaires non sinueuses (épicarpe)	Blé.
Poils linéaires, à canal étroit, libres ou fixés à la membrane précédente	Blé, seigle, avoine, orge.
Membrane à cellules linéaires, sinueuses sur leurs bords, situées parallèlement les unes aux autres, et par groupes ; ces cellules sont souvent croisées à angle droit par une couche de cellules linéaires non sinueuses (endocarpe)	Blé, seigle, avoine, orge, maïs.
Membrane composée de cellules discoïdes ou légèrement polygonales, contenant des granules jaunissant par la solution d'iode (épisperme)......	Blé, seigle, avoine, orge, maïs.

CARACTÈRES.	Altérations ou mélanges qu'ils caractérisent ou font supposer.
Cylindre conoïde ou ses fragments formés de cellules carrées (germe ou ses débris)......................	Blé, seigle, avoine, orge, maïs.
Cylindre ou ses fragments formés de cellules prismatiques...............	Blés germés.
Lambeaux de tissu cellulaire à mailles transparentes irrégulières, avec ou sans granules elliptiques...........	Farine des légumin[ses].
Filaments rameux, avec ou sans anastomoses formés de cellules irrégulières ou régulières transparentes...	Moisissures.
Pellicules rougeâtres, carrées formées d'un côté de cellules polygonales, d'une teinte fauve de $\frac{1}{45}$ de diamètre ; et de l'autre, de cellules linéaires de $\frac{1}{100}$ de mm. à parois épaisses (épisperme)............	Tourteau de lin.

En ajoutant à ces tables, encore bien incomplètes, les caractères fournis par le résidu salin de la calcination de 5 ou 10 grammes de farine, il deviendra aisé de se faire une méthode pour la recherche de toutes les falsifications ou altérations possibles des farines : méthode qui consistera à noter successivement les caractères anormaux plus ou moins marqués fournis par :

1.º La nuance et l'aspect ;

2.º Le toucher ;

3.º L'odeur ;

4.º La saveur ;

5.º L'essai chimique de la farine délayée dans le double de son poids d'eau distillée ;

6.º L'essai de l'eau de lixiviation obtenue aussi saturée que possible ;

7.º L'examen à la loupe des particules séparées par la tamisation ;

8.º L'examen microscopique de la farine tamisée et de l'amidon obtenu pendant l'extraction du gluten ;

9.º Les caractères physiques de la pâte ;

10.º Les caractères fournis par le gluten et son extraction ;

11.º Les caractères microscopiques fournis par le résidu de l'action successive de la diastase brute et de l'acide acétique pur ;

12.º Les caractères fournis par le résidu salin résultant de la calcination à blanc.

Supposons qu'en suivant cette marche, l'on ait noté avec plus ou moins de doutes, dans les opérations 1, 2, 7, 8, 10, 11 :

1.º Grisâtre, piquetée de points noirs ;

2.º Rude au toucher ;

7.º Particules noirâtres, — fragments anguleux comme cornés ;

8.º Fragments anguleux, translucides, formés par la réunion de cellules polygonales contenant des granules pressés, polygonaux se délitant par la pression exercée sur les verres en petits granules anguleux ;

10.º Gluten noircissant pendant la dessiccation ;

14.º Membranes formées de cellules avec deux ou trois larges sinus sur leurs bords latéraux. On verra que tous ces caractères sont ceux de la farine de sarrasin, caractères parmi lesquels il en est deux du premier ordre, dont l'un quelconque, s'il a été bien observé, suffirait pour prononcer.

S'il arrivait que les caractères notés eussent été inscrits avec quelques doutes, il serait indispensable de refaire la série des opérations propres à les mettre en évidence, en s'attachant, bien entendu, à la recherche plus spéciale de ceux du premier ordre.

CONFÉRENCES

SUR

LES LOIS DU DÉVELOPPEMENT DANS LES ANIMAUX,

Par M. LOISET.

INTRODUCTION.

MESSIEURS,

En venant vous soumettre quelques réflexions sur un point inexploré de la zoologie agricole, je n'ai pas la prétention de m'élever à la hauteur des savantes conférences agronomiques que vous ont données nos collègues, MM. Legrand, Demesmay, Garreau, ni de celles que vous attendez de plusieurs autres de nos honorables confrères. Mon but est plus modeste, il consiste tout simplement à vous rendre compte de quelques déductions qui découlent de l'observation de certains faits ou expérimentations agricoles assez récemment obtenus et qui font entrevoir quelques vérités scientifiques, sinon toutes nouvelles, du moins constamment utiles et fécondes en applications pratiques. Je viens donc solliciter la permission de vous les exposer très succinctement, afin qu'après leur avoir fait subir le contrôle d'une sévère discussion, vous soyez en mesure de vous prononcer sur les conclusions qu'on peut en tirer.

Il s'agit, dans le sujet que j'ai en vue de traiter, de la détermination des lois qui président au développement des animaux utiles à l'agriculture ; grave et difficile question qui fait la base d'une vaste et importante branche de l'économie rurale, la zootechnie , mot de fraîche date, que dans notre impatience française, nous avons donné pour désigner des connaissances qui ne sont peut-être pas encore nées.

A cette occasion , qu'il me soit permis de remarquer que, pour d'excellents esprits , l'agronomie elle-même , considérée comme science, n'existe pas encore en corps de doctrine et, qu'en désignant ainsi la plus considérable partie de l'activité humaine, on semble avoir méconnu qu'elle s'appuie bien plus sur des procédés traditionnels , que sur des déductions théoriques.

Il y a donc beaucoup à faire, ou plutôt, presque tout reste à faire pour amener nos connaissances agricoles à l'état vraiment scientifique, et sous ce rapport, les obstacles sont d'autant plus grands, que dans la carrière laborieuse de l'homme des champs, le temps manque complètement pour des études spéculatives étendues.

Il faut d'ailleurs au cultivateur , non la science proprement dite, mais des principes scientifiques certains : ce qu'il a fallu en un mot à l'industrie manufacturière , pour accomplir sa merveilleuse et moderne métamorphose ; la transcription des résultats d'investigations savantes , condensée pour ainsi dire en quelques formules concises et d'une incontestable vérité. C'est avec de pareils instruments intellectuels, que les cultivateurs atteindront des points encore inconnus dans la voie du progrès.

Ainsi, tant que la force élastique de la vapeur n'a été que vaguement étudiée et comprise, elle est restée stérile pour l'industrie et les arts. Mais dès que son action a été assujettie aux lois du calcul, elle a révolutionné le travail des ateliers et mis en possession de l'homme, l'une des plus puissantes forces de la nature.

Une ère nouvelle se serait également ouverte pour l'agriculture, si la force vitale, sur laquelle repose entièrement cette source essentielle de l'activité humaine, avait été l'objet d'études aussi sévères et couronnées d'un égal succès. Mais malgré d'innombrables travaux sur l'organisation des êtres et

sur les lois physiologiques qui les régissent, nous man-
quons entièrement de notions assez précises pour résoudre
les plus simples et les plus usuels des problèmes qui se
présentent chaque jour dans nos exploitations rurales. Cependant, si par l'application d'un principe scientifique, avec
une quantité donnée de vapeur, l'industriel peut à volonté
transformer le coton, la soie, la laine, le lin, en une somme
déterminée de telle marchandise qu'il désire ; serait-il donc impossible que la vie animale, considérée seulement comme
puissance mécanique, put se prêter à des supputations analogues, de manière à ce que le cultivateur, connut à l'avance,
combien par exemple, d'un kilogramme de foin, il obtiendra de
laine, de cuir, de suif de viande, ou de travail.

Mais répètera-t-on, la force vitale se dérobe complètement à
nos moyens d'investigations et il faut renoncer à l'espoir de s'en
emparer et de l'asservir comme on l'a fait pour la force élastique de la vapeur ?

C'est là, nous le croyons, une grave erreur. Sans doute que
les recherches tendantes à nous faire pénétrer ce qu'il y a de
mystérieux et de plus compliqué dans les phénomènes de la vie
pourraient bien nous laisser éternellement dans notre ignorance
actuelle. S'en suivrait-il pourtant que la relation de l'effet à la
cause, quelqu'inconnue que soit celle-ci, ne donnât pas la mesure de son intensité, et qu'il fallut renoncer à la soumettre
aux épreuves du calcul ? Le simple bon sens suffit pour démon-
trer le contraire. Si donc jusqu'ici, l'agriculture a été privée de
la connaissance exacte et pratique de la force qui élabore dans
son immense atelier, la plus grande somme des produits indispensables à l'existence des peuples, il faut l'attribuer non à
l'insolubilité du problème, mais bien à ce qu'on a négligé de
l'étudier du côté où se rencontreraient les plus larges et les plus
usuelles applications.

C'est, appuyé sur ces réflexions, que, m'aidant de matériaux
épars dans les écrits des agronomes, des travaux déjà consignés

dans vos publications, de ceux recueillis par les soins de l'admi-
nistration municipale, des données insérées dans les comptes-
rendus des concours régionaux d'engraissement et de celles
inédites que je dois à la bienveillance de l'un de nos honorables
collègues, M. Demesmay, que j'ai tenté d'entrer dans cette voie,
encore vierge d'explorations, de déterminer numériquement,
l'intensité de la cause qui se manifeste par le développement de
la matière animale; en d'autres termes, je me suis proposé de
mesurer le degré d'énergie de la force vitale considérée exclusivement comme puissance assimilatrice et de dresser une table
des quantités relatives de produits qu'elle crée dans les conditions variées de l'industrie du bétail, telle qu'elle est exercée
dans nos campagnes.

Comme vous le voyez, le sujet que j'ai choisi domine complètement l'économie du bétail, il intéresse au plus haut degré la
production animale, le commerce de la boucherie et l'appro-
visionnement des grands centres de population. Aussi, au triple
point de vue de l'agriculture, de l'économie sociale et de l'hygiène publique mérite-t-il d'attirer vos méditations.

Je n'entreprendrai pas de définir la vie, d'en discuter les
propriétés, ni d'étudier le mécanisme curieux et compliqué des
divers organes qui lui servent d'instruments. Ce serait une tâche
bien au-dessus de mes forces, peu profitable à la pratique agricole et qui n'embrasserait pas moins qu'un cours complet de
physiologie. Je me contenterai de dire que la vie est le principe
inconnu dans sa nature, que les agriculteurs de tous les temps
et de tous les lieux ont mis en action, pour transformer les
substances alimentaires en force motrice indispensable à un
grand nombre d'opérations aratoires, ou en produits animaux
variés.

Ce résultat final est, sinon le seul, du moins celui qui intéresse essentiellement le cultivateur. Il lui importe peu, en
effet, de suivre dans le détail de leur jeu les rouages multipliés
des machines agricoles animées. Pour lui, tout se résume dans

la quantité de travail ou de produits qu'on en obtient et dans le prix de revient de ceux-ci. A ce point de vue, l'expérience de chaque jour lui démontre : 1° que la somme de force vitale développée par les animaux, est proportionnelle à la richesse et à la quantité d'aliments consommés , 2° que les effets utiles de cette puissance se traduisent, soit en créant du mouvement, soit en augmentant la masse corporelle des animaux, soit enfin, en en extrayant certains produits. Ce triple effet n'est presque jamais simultané, et l'homme peut toujours à volonté et à son choix, les faire alternativement prédominer, de manière à absorber pour ainsi dire toute la puissance vitale au profit du résultat qu'il veut atteindre ; certaines spécialités agricoles n'ont même pas d'autres fondements. C'est ainsi que l'hygiène du cheval est presqu'exclusivement constituée pour en obtenir de la force motrice ; que les vaches laitières sont placées dans des conditions qui concentrent pour ainsi dire la vie dans la secrétion laiteuse ; que dans l'élevage on a principalement en vue le développement des jeunes sujets , et qu'enfin , dans l'engraissement , tout est sacrifié à l'accumulation graisseuse.

Dans tous les cas, la somme de ces effets multiples reste invariable. Ce que l'on obtient en plus d'un côté, est retranché de l'autre, et si l'on veut obtenir tous les produits à la fois , ils s'amoindrissent mutuellement de manière à former un total qui reste définitivement le même que dans les circonstances opposées.

Dans l'ordre de nos idées, faisant abstraction de la science de l'organisation et ne considérant les animaux que comme de simples machines ayant leur principe moteur propre , le vrai problème agricole à résoudre consiste à déterminer expérimentalement combien par leur action une quantité fixe de fourrage peut produire de traction, de viande, de lait, etc.

Déjà, un savant agronome que vous estimez tous, notre collègue, M. Demesmay, a ouvert la voie en vous initiant dans le calcul des forces motrices que le cultivateur emprunte aux animaux pour les opérations aratoires.

Aujourd'hui, je vais m'efforcer de le suivre dans la carrière, en recherchant les lois du développement des mêmes êtres.

Développement. — Croissance. — Engraissement.

La force vitale se manifeste principalement par les phénomènes du développement de l'organisme vivant; son mode d'action porte en physiologie le nom de nutrition ou d'assimilation et s'exerce dans la profondeur des tissus à la manière des phénomènes qui dérivent des affinités chimiques. Deux mouvements de nature essentiellement différente, et agissant, tantôt simultanément, d'autres fois isolément, président à ce développement. Le premier porte le nom de *croissance* et consiste dans l'augmentation régulière de tous les systèmes organiques; le second, appelé *engraissement*, réside dans l'interposition, au sein même des divers tissus, d'une matière adypeuse, non azotée, dont le dépôt est susceptible d'acquérir des proportions considérables et pour ainsi dire illimitées. A ces deux mouvements correspondent deux grandes branches de l'activité agricole; celle des *éleveurs* et celle des *engraisseurs* qui, toutes deux, constituent les sources les plus fécondes de la prospérité rurale de nos meilleures provinces.

Cette distiction de la croissance et de l'engraissement qui paraît si bien fondée dans la théorie, ne se prête pourtant pas dans la pratique, à une délimitation exacte. Le plus communément, le corps des animaux se développe tout à la fois par l'effet de l'un et l'autre mode d'augmentation, sans qu'on possède aucun moyen rigoureux de mesurer ce qui est dû à l'une et l'autre cause; mais, comme en définitive, le double phénomène découle d'une source unique, la force d'assimilation, il ne saurait y avoir de grands inconvénients à en confondre les résultats pour les fixer numériquement avec toute la précision désirable.

La croissance est bornée, quant au temps et au volume ou poids. Dans l'espèce bovine elle est complètement achevée à l'âge de 4 à 7 ans, suivant que les races sont précoces ou retardataires : elle s'arrête aussi plus promptement dans la femelle que dans le mâle.

A la naissance à terme, le jeune sujet de l'espèce bovine pèse 30 à 40 kil. En moyenne, le poids du mâle est toujours supérieur à celui de la femelle, et il l'emporte d'environ 5 kil. Placé dans des conditions ordinaires de régime, le nouveau né acquiert, pour achever ses évolutions et arriver au parfait développement, savoir :

LA VACHE.

Dix à onze fois le poids moyen acquis à la
naissance (en 5 à 6 ans) . . . . 350 à 385 kil.

LE BŒUF ET LE TAUREAU.

Douze à treize fois le poids moyen du nouveau
né (en 6 à 7 ans) . . . . 450 à 500 kil.

Sous l'influence de l'insuffisance et de pénurie alimentaire, l'accroissement descend, dans les contrées pauvres, à la moyenne minimum ci-après :

LA VACHE.

Sept fois le poids moyen à la naissance . . . 120 kil.

LE BŒUF ET LE TAUREAU.

Dix fois le poids moyen acquis lors de la naissance. . 300 kil.

Enfin, dans le cas d'une riche et succulente alimentation, l'exubérance du développement peut atteindre des proportions exorbitantes ; mais, ainsi que nous venons de le dire, l'action de la croissance, alors se confond plus ou moins avec celle de l'engraissement.

La moyenne maximum de la croissance, s'élève dans cette occurrence pour

LA VACHE.

A treize ou quatorze fois son poids à la naissance. 520 à 560 kil.

LE BŒUF ET LE TAUREAU.

A seize ou dix-sept fois le poids du nouveau né. 660 à 720 kil.

En sorte que dans l'hypothèse où l'accroissement serait réparti également sur toute la durée du développement, l'augmentation quotidienne serait approximativement :

		KIL. GR.
Dans les conditions communes de régime, de	la vache. . . .	0,160
	le bœuf et le taureau.	0,200
Dans celles les plus défavorables de	la vache. . . .	0,100
	le bœuf et le taureau.	0,133
Enfin dans les meilleures de	la vache	0,230
	le bœuf et le taureau.	0,287

Cette hypothèse, d'un accroissement uniforme, égal et régulier de l'organisme vivant, ne se rencontre pas dans les conditions ordinaires de la pratique. Il ne faudrait pourtant pas supposer, qu'analogue en cela avec d'autres forces, telles que celle de la traction, la cause du phénomène soit liée dans un état de dépendance à la masse acquise par le corps. Loin qu'il en soit ainsi, on observe au contraire, qu'il semble se produire avec une intensité inversement proportionnelle avec le volume pris graduellement par l'animal. Boussingault estime que la croissance journalière dans l'espèce bovine, est

	kil.
Pendant l'allaitement, de	1, 13
Au-dessous de 3 ans, de	0, 72
Au-dessus de 3 ans, de	0, 10

Mais la généralité des faits ne semble pas concorder avec une progression aussi décroissante ; d'ailleurs, ces chiffres ne préjugent rien sur les causes perturbatrices, dont il sera question plus loin, qui détruisent une partie, tantôt faible et d'autres fois fort considérable de la puissance assimilatrice ; en sorte qu'il se pourrait faire, que l'intensité de cette puissance, nonobstant l'inégalité des chiffres précités, fut encore pourtant invariable pendant toutes les périodes de la vie, hormis la vieillesse. C'est ce que nous allons chercher à vérifier le plus succinctement possible.

Les agronomes avaient assez vaguement reconnu, que dans les premiers mois de leur existence, les veaux augmentaient de 9 à 10 livres par semaine et que les additions hebdomadaires qui suivaient cette phase de la vie, différaient peu de cette quantité. C'est assez récemment qu'on a mieux précisé les observations, et que par une plus rigoureuse exactitude dans la manière de les formuler, on a pu leur donner une valeur vraiment scientifique. On doit à MM. Perrault et Jotems les premières expérimentations sur le développement de l'extrême jeunesse dans l'espèce bovine ; ces habiles agriculteurs ont constaté que des veaux soumis à l'engraissement avaient cru en moyenne

	Pendant la première semaine :	Durant les dix jours suivants :
	kil.	kil.
Par jour de	1, 39	1, 12

	kil.
Moyenne pour les dix-sept jours	1, 20

D'autres expériences ont eu lieu en dix-neuf et vingt-deux jours et ont donné une moyenne quotidienne de

kil.
1, 26.

Les résultats obtenus à Bechelbronn, par M. Boussingault, s'approchent des précédents.

En douze jours, un veau y a augmenté de 13 kil. 79 grammes c'est un accroissement diurne de 1 kil. 14.

Deux veaux, l'un en trente-deux jours et l'autre en quarante-un, ont fourni une augmentation moyenne en poids et par jour de

kil.

0, 83

Les données enregistrées dans le compte-rendu des concours d'animaux de boucherie ouverts par la Société des Sciences de l'Agriculture et des Arts de Lille, confirment pleinement les observations des agronomes précités ; ainsi, un veau primé en 1849 et élevé par M. Alexandre Lefebvre de Tourmignies, pesait 41 kil. lors de sa naissance, et quatre-vingt-treize jours après, 151 kil. 50. Son accroissement a donc été de 110 kil. 50, ce qui équivaut à une addition journalière de poids égale à

kil.

1, 61

Suivant M. de Torcy (1), dans le cours de la première année de leur existence, les 16 animaux ci-après auraient cru,

SAVOIR :

	Par jour
Golnor	0,640
Butor	0,810
Douglas	0,740
Grassot	0,800
Nicanor	1,020
Océan	0,670
Perlet	0,690
Lolo	0,790
Moyenne	0,770

Présentés au concours de Poissy en 1850.

---

(1) Voir le compte-rendu des concours d'animaux de boucherie publié par le Ministre de l'Agriculture et du Commerce. Tomes 2 et 3

<table>
<tr><td rowspan="9" style="writing-mode: vertical-rl">Présentés au concours de Poissy en 1851.</td></tr>
<tr><td>Alain . . . .</td><td>0,876</td></tr>
<tr><td>Cadet . . . .</td><td>068,0</td></tr>
<tr><td>Attila . . . .</td><td>0,583</td></tr>
<tr><td>Abner . . . .</td><td>0,561</td></tr>
<tr><td>Achas . . . .</td><td>0,661</td></tr>
<tr><td>Argant . . . .</td><td>0,797</td></tr>
<tr><td>Alaric. . . . .</td><td>0,580</td></tr>
<tr><td>Bacha . . . .</td><td>0,694</td></tr>
<tr><td>Moyenne . . .</td><td>0,6565</td></tr>
</table>

Ces chiffres sont inférieurs à ceux indiqués ci-dessus, mais, hâtons-nous de le dire, quoique nous devions revenir sur ce point, cela tient à ce que les animaux qui viennent d'être dénommés, ont traversé deux époques critiques, celles du sevrage et de la première dentition. Or, M. Boussingault a constaté que dans la période de transition du régime lacté au régime sec, en 21 jours un veau en sevrage n'a gagné que 10 kil., c'est-à-dire par jour

$$0 \text{ kil. } 47$$

Le même auteur a annoté que de 1 an à 2, le bovillon *Chastel* avait cru quotidiennement de

$$0 \text{ kil. } 88.$$

Et de 2 à 3 ans de

$$0 \text{ kil. } 91.$$

Une génisse âgée de 6 mois 25 jours et observée à Bechelbronn jusqu'à l'âge de 1 an 5 mois 22 jours, a donné en huit pesées successives des augmentations quotidiennes variables exprimées par les chiffres suivants :

$$0,62 - 0,64 - 0,39 - 0,74 - 0,59 - 0,71$$
$$1,19 - 1,19.$$

Moyenne : 0 kil. 76.

4

Dans les expériences plus nombreuses faites à la vacherie de Durut, par M. de Torcy, on a obtenu les résultats ci-après :

De 1 an à 2. — De 2 à 3 ans. — De 3 à 4 ans.

	kil	kil.	kil.
Galaor . . ,	0,564	0,811	0,533
Butor . . .	0,825	0,764	0,516
Douglas. . .	0,603	0,677	0,750
Grassot. . .	0,564	0,389	0,671
Nicanor. . .	0,603	0,474	0,687
Océan . . .	0,682	0,688	1,000
Perlet . . .	0,569	0,493	0,725
Lolo . . .	0,666	0.559	»
Alain . . .	0,722	0,586	0,819
Cadet . . .	0,636	0,480	0,472
Attila . . :	0,516	0,851	0,345
Abner. . .	0,513	0,522	0,716
Athos . .	,441	0,597	0,689
Argant. .	0,466	0,866	0,780
Alaric . . .	0,447	0,733	0,525
Bacha . . .	0,708	0,930	0,700
Moyennes :	0,595	0,651	0,628

Des chiffres extraits de la comptabilité agricole tenue avec un soin exemplaire par notre digne collègue M. Demesmay, il résulte qu'en moyenne les animaux ci-après ont quotidiennement augmenté, soumis à l'engraissement, savoir :

Nombre.		Age.	Moyenne d'augmentation quotidienne.
3	génisses	2 ans	0,625
6	vaches	3 id.	0,680
27	id.	4 id.	0,500
14	id.	5 id.	0,590
15	id.	6 id.	0,525
9	id.	7 id.	0,390
1	id.	8 id.	0,290
1	id	9 id.	0,290

15 bœufs, dont 12 francs-comtois et 3 campenaires, de l'âge de 4 à 6 ans, ont augmenté, à la sucrerie de Templeuve, pendant un total de 1,244 journées d'étable et de régime d'engraissement, de 1,325 kil. ou

Par jour, de 1 kil. 065 gr. chaque.

A travers la diversité et le manque de concordance des résultats chiffrés que nous venons de faire passer sous vos yeux, on peut pourtant constater que la force d'assimilation, loin d'être progressive, serait bien plutôt décroissante, si on s'en fiait aux déductions qui découlent logiquement des moyennes précédentes; mais quand on se livre à l'examen détaillé des faits, on reconnaît bientôt, qu'analogue en cela avec la puissance de la vapeur dont on peut obtenir à volonté des effets moteurs ou des effets calorifiques, le principe vital partage diversement son action entre la nutrition et les autres fonctions de l'économie animale; de telle sorte que sa prédominance dans un sens suppose nécessairement, ainsi que nous l'avons précédemment énoncé, une diminution correspondante dans le sens opposé. Or, nous avons déjà mentionné l'effet perturbateur du sévrage et de la dentition sur l'intensité de l'accroissement en poids; il convient d'ajouter à ces causes de déperdition de la force assimilatrice, les dépenses en activité vitale occasionnées par les travaux ou les exercices plus ou moins prolongés, auxquels sont soumis les animaux; celles résultant des sécrétions abondantes, de la gestation et même de toutes les sensations vives; enfin, celles plus prononcées encore et qui se produisent sous la forme variée des maladies et des accidents qui assaillent les êtres organisés.

En écartant de la longue énumération que nous avons faite, les résultats faussés par ces causes diverses et en la réduisant aux faits normaux et parfaitement comparables, on est étonné de la similitude presque parfaite des effets de la nutrition dans tout les âges de la vie de développement, en sorte qu'on arrive logiquement à cette importante et inattendue conclusion, *que la force vitale concentrée sur les fonctions assimilatrices est une puissance d'intensité uniforme pendant toute la période de l'accroissement des animaux; variable seulement quant aux races et aux sexes et qui ne devient décroissante qu'après l'achèvement complet du développement.*

Il est certain que cette loi physiologique n'est point particulière à l'espèce bovine : quelques expériences dûes au chimiste agronome M. Boussingault et à notre habile collègue M. Demesmay, tendent à prouver qu'elle est commune à l'espèce chevaline. Des études du même genre faites pendant l'allaitement des enfants, font enfin supposer que l'espèce humaine lui est également soumise, en sorte qu'elle peut être considérée comme régissant l'échelle animale toute entière.

Comme base d'estimation des effets utiles et réalisables de la force assimilatrice dans l'espèce bovine, on peut adopter l'unité de comparaison, de 1 kilo d'accroissement par jour, qui représente en effet assez exactement la moyenne maximum du développement dans toutes les évolutions progressives de la vie des individus de cette espèce. Le développement du cheval se rapproche beaucoup de celui du bœuf et peut également être fixé à 1 kilo par jour.

Dans l'une et l'autre espèce, ce chiffre n'exprime pourtant pas la limite supérieure du développement quotidien, car nous avons déjà mentionné des additions journalières de 1 kil. 610 gr. dans un veau élevé par M. Alexandre Lefebvre, de Tourmignies, et M. Demesmay a constaté dans ses étables, des surélévations quotidiennes en poids, qui allaient jusqu'à 1 kil. 700 gr. On a même enregistré à l'Institut agronomique de Versailles, des augmentations diurnes de 3 k. 450 gr.; mais c'est ici l'occasion de le faire remarquer : les pesées destinées à faire connaître les progrès du développement des animaux et particulièrement des ruminants, sont exposées à de graves erreurs, par suite de l'inégale amplitude des organes digestifs ; ainsi, il a été démontré expérimentalement à l'abattoir de Lille, qu'en vingt-quatre heures, les déjections pouvaient faire perdre de 30 à 35 kil., et que l'effet inverse était produit en livrant avec abondance une nourriture succulente au début de l'engraissement ; il en résulte que les pesages exécutés à de faibles intervalles, et sans les précautions qui annihillent, ou amoindrissent cette double cause d'erreurs dans les indications de la balance, ne sauraient être acceptés lorsqu'il s'agit de déductions quelque peu rigoureuses.

Il est impossible d'assigner le degré d'affaiblissement que peuvent éprouver les effets de la force assimilatrice ; non seulement l'inexactitude inhérente aux indications du pesage, produit ici les plus grandes illusions ; mais encore sous l'influence d'une abstinence prolongée ou de causes morbides, il y a parfois en même temps développement de taille et diminution de poids, parce qu'alors le mouvement d'accroissement se fait aux dépens de l'embonpoint ou de l'engraissement précédemment acquis.

Rejetant donc ces faits contraires comme entachés d'erreurs ou d'anomalies et adoptant pour représenter, dans l'espèce bovine, l'augmentation maximum, moyenne, journalière et normale, le chiffre 1 kil. Il demeure cependant bien entendu que cette résultante est relativement trop faible pour les mâles et les animaux châtrés, tandis qu'elle est trop forte pour les femelles : La même remarque doit être faite, en ce qui concerne les fortes et petites races ; les premières s'élèvant au-dessus de la moyenne de développement, les secondes n'y atteignant pas.

Le rapport du poids des matières quotidiennement assimilées au poids total du corps est des plus variables.

Ainsi, le poids moyen du veau à la naissance étant de 35 kil., son accroissement par jour est d'environ de 30 p. 1,000

A l'expiration du premier mois, il est seulement de . . . . 15 p. 1,000

A 2 mois, de . . . . 10 p. 1,000

A 3 mois, de. . . . .   7 p. 1,000

Et ainsi de suite dans une progression descendante de manière à atteindre une extrême limite faiblement inférieure à

1 millième.

Pour résumer toutes les considérations chiffrées que je viens d'avoir l'honneur de vous exposer, il me suffira de vous rappeler :

1° *Que la force vitale d'assimilation a une intensité uniforme et invariable pendant toutes les périodes de la vie qui précèdent le déclin ;*

2° *Que dans l'espèce bovine, l'unité moyenne d'augmentation quotidienne que peut produire la nutrition est très-approximativement de 1 kilo ;*

3° *Que les additions successives reçues journalièrement en vertu de la puissance assimilatrice forme avec le poids acquis par les animaux une proportion descendante ayant pour termes extrêmes* 30 : 1,000 *et* 1 : 1,000 *et même en-dessous.*

Maintenant que nous sommes parvenus à mesurer la puissance de la vie, considérée comme force assimilatrice, nous avons à examiner les conditions indispensables pour que cette force soit mise en activité : nous en tirerons ensuite les déductions pratiques qui pourront éclairer les cultivateurs dans l'art d'élever les animaux ou dans celui de les engraisser, mais l'heure avancée de cette séance ne me permettant pas de le faire immédiatement, je viens vous prier de remettre à une prochaine réunion, la suite du sujet que j'ai entamé.

ÉTUDES ANALYTIQUES

SUR LA

Propriété nutritive des vinasses et des pulpes de betteraves provenant des différents procédés employés pour l'extraction du sucre dans les distilleries

Par M. Vte MEUREIN.

Depuis que la maladie de la vigne n'a plus permis au fruit de ce précieux végétal de fournir à la consommation tout l'alcool qu'elle réclame annuellement, la betterave, qui déjà avait fait à la canne une heureuse concurrence, a prétendu, en subissant une nouvelle métamorphose, combler le vide que l'oïdium avait produit. L'industrie saisit avec empressement cette occasion de donner à son activité un nouvel essor, et sous la main habile de notre illustre compatriote Dubrunfaut, le sucre de la froide racine du Nord se transforme par la fermentation en alcool, qui va sur les marchés du midi chercher la consécration qui lui ouvre des débouchés dans le monde entier.

Jusqu'ici, tout est pour le mieux, mais voici le revers de la médaille. On ne produit par la distillation un hectolitre d'alcool qu'on conserve, qu'à condition de laisser pour résidu 24 à 30 hectolitres de liquide, appelé *vinasse*, dont on a hâte de se débarrasser comme matière encombrante et de nulle valeur. Mais comme cette vinasse, au moment de son écoulement a une température élevée, comme elle contient en quantité des acides libres, des sels facilement décomposables, des matières azotées éminemment putrescibles, elle ne tarde pas à corrompre l'eau des rivières et des étangs, à vicier l'air par les émanations insalubres qui se dégagent des fossés et des mares croupissantes; les poissons meurent partout; les populations doivent renoncer à l'usage des eaux courantes qu'elles employaient pour les différents besoins de l'économie domestique ; les eaux souterraines elles-mêmes deviennent impotables. Par suite, surgissent des plaintes universelles contre les distilleries. La justice s'en émeut, et par plusieurs arrêts, protège l'intérêt général compromis par quelques intérêts particuliers. Les conseils de salubrité sont consultés, et les administrations départementales prescrivent une série de mesures propres à atténuer le mal, sinon à le faire disparaître complétement.

La position des distillateurs devient très précaire, et si les arrêtés préfectoraux eussent été exécutés à la lettre, bon nombre d'usines auraient dû chômer, car l'existence leur était rendue impossible. Heureusement, pendant cette campagne, on usa de tolérance afin de permettre à l'expérience d'apprécier la valeur des divers systèmes proposés pour que l'écoulement des vinasses devienne praticable et exempt des causes d'insalubrité signalées aujourd'hui.

Trois modes principaux paraissent être appelés à résoudre la grave difficulté du moment. D'abord, l'écoulement dans les cours d'eau publics ou privés après purification des vinasses ; ensuite, leur emploi en irrigation comme agent de fertilisation agricole ; puis enfin leur utilisation comme boisson alimentaire destinée aux bestiaux.

Nous n'avons à nous occuper que de ces deux derniers modes qui sont de nature à rendre des services incontestables. En effet, l'analyse de la vinasse provenant des usines où on emploie la rape et les presses, nous a démontré que ce liquide ne contient que très-peu de sels ammoniacaux et de nitrates ; mais des phosphates, des sulfates ou chlorures à base de chaux, de potasse, de soude et de magnésie, des acides organiques libres et combinés aux bases sus-nommées en notable proportion, et souvent une certaine quantité d'acide sulfurique ou hydrochlorique libre, suivant que l'un ou l'autre a été employé pour faciliter la fermentation en hâtant la transformation du sucre cristallisable en sucre de raisin, état transitoire par où il doit passer

pour être postérieurement décomposé en acide carbonique et
en alcool. De plus, elles contiennent encore, et c'est ce qui
les rend utilisables, des matières azotées albuminoïdes en dissolution et d'autres insolubles à l'état de ferment. Les vinasses
provenant de la macération à froid ou de la digestion, sont
composées des mêmes principes, mais en moindre proportion
comme l'indique le tableau suivant :

Composition des vinasses provenant du jus extrait de la betterave par les
presses et par la macération à froid.

PRESSES.

```
Eau .    97.250

                  ⎧ Matières                ⎧ Ferment sec(*) 0.8165 ⎧ Matières
                  ⎪ organiques . 2.024      ⎨                       ⎨ organiques. 0.7504. Azote 0.0816
Extrait sec 2.750 ⎨                         ⎪                       ⎩ Matières inorganiques 0.0661
                  ⎪                         ⎩ Matières albuminoïdes dissoutes. 1.2740 . . . . . Azote 0 0790
                  ⎪ Matières
                  ⎩ inorganiques. 0.726
   ________                                                              _______
   100.000        2.750                                         Azote total . . 0.1606
```

MACÉRATION (1).

```
Eau . . 97.965

                  ⎧ Matières                ⎧ Ferment sec. 0.129 ⎧ Matières
                  ⎪ organiques. 1.475       ⎨                    ⎨ organiques. 0.119. Azote 0.0129
Extrait sec 2.035 ⎨                         ⎪                    ⎩ Matières inorganiques. 0.010.
                  ⎪                         ⎩ Matières albuminoïdes dissoutes. . 1.356 . . . . Azote. 0.0575
                  ⎪ Matières
                  ⎩ inorganiques. 0.560
   ________                                                              _______
   100.000        2.035                                         Azote total . . 0 0704
```

(*) N. B. Le ferment figure comme matière organique malgré la forte proportion de matières inorganiques
qu'il contient, mais dont il a été tenu compte dans la détermination de la quantité réelle de matières organiques et inorganiques, ainsi qu'on peut le remarquer dans les chiffres se rapportant à chacune d'elles.

(1) Cette vinasse est pauvre en ferment, parce que l'industriel a l'habitude de laisser, après chaque fermentation, des pieds de cuves qui en conservent la plus grande partie

D'après le tableau ci-contre, nous voyons que la vinasse provenant de l'emploi des presses contient 0,16 p. %, d'azote, comme nous l'avons déjà dit, presque tout à l'état de matières albuminoïdes plus ou moins modifiées, dissoutes et précipitées (ferment); elles auraient donc pour équivalent (toujours en prenant la pulpe des presses comme point de comparaison), le nombre 249.8, c'est-à-dire que 249 k 8 de vinasses normales de presses auraient un pouvoir nutritif égal à celui de 100 k. de pulpe de même provenance et le prix de 1000 k. ou 10 hectolitres à raison de 3 fr. 75 c. le k. d'azote serait de 6 fr. et 3 fr. seulement si le ferment qui entre pour moitié dans le chiffre de l'azote total en était séparé.

Nous avons trouvé pour le ferment la composition suivante qui nous permet de l'assimiler à la levure de bière.

100 de ferment égoutté donnent 64 de ferment pressé, lequel donne 17 de ferment sec, d'où il résulte que le ferment égoutté contient 83 % d'eau, et le ferment pressé 73 %.

$$\text{Ferment sec } 100 \text{ parties.} \begin{cases} \text{matières organiques } 91.9, \text{ contenant azote : } \underline{10.0} \\ \\ \text{matières inorgani.} \quad 8.1 \begin{cases} \text{phosphate de ch.} & 4.5 \\ \text{sulfate de chaux.} & \\ \quad \text{et de potasse.} & 2.2 \\ \text{silice . . . .} & 1.0 \\ \text{oxide de fer. .} & \underline{0.4} \end{cases} \\ \hspace{4.5cm} \overline{100.0} \hspace{3.5cm} 8.1 \end{cases}$$

La matière organique azotée contenue dans le ferment est-elle nutritive? les uns disent oui, d'autres prétendent le contraire; mais en attendant que la question soit résolue par les expériences qui sont en cours d'exécution, je ferai observer que lorsqu'on détermine la valeur nutritive des drèches de genièvre et de pommes de terre, des pulpes Champonnois ou Leplay, on ne sépare pas du chiffre de l'azote sur lequel on se base, l'azote provenant du ferment qui reste dans ces drèches ou pulpes en quantité très-notable. Je dirai en outre que j'ai entre les mains une lettre par laquelle M. Bonnier, distillateur à Moulins-Lille,

annonce qu'au mois de novembre, il a acheté un jeune porc de
4 mois, qui, depuis cette époque, a eu pour toute nourriture
du ferment à discrétion et une faible quantité de pulpe épuisée
par la macération à froid. Sa croissance et sa santé sont dans
un état très-favorable. Or, d'après Boussingault, il doit entrer
20 grammes d'azote dans la ration d'entretien diurne d'un porc
de 8 mois pesant 60 kil., le nôtre pèse 49 kil. et ne reçoit des
2,100 gr. de pulpe de macération que 2 gr. 50 cent. d'azote; il
faut donc qu'il prenne le reste ailleurs, et le ferment seul peut
le lui procurer.

De ce qui précède, il résulte que la vinasse normale (vinasse
et ferment) contient 0.16 % d'azote ou 0,96 % de matières albuminoïdes, ou en d'autres termes qu'un hectolitre de cette
vinasse contient 160 grammes d'azote, quantité renfermée dans
41 kilogrammes de pulpe de betteraves provenant du travail des
presses, pulpe la plus riche de toutes celles que produisent les
divers procédés usités pour l'extraction du sucre, comme nous
le verrons plus loin.

MM. Bonduelle et Lesaffre, distillateurs à Marquette, de chez
qui proviennent les vinasses et les pulpes des presses que nous
avons étudiées comparativement, nous ont dit, qu'en moyenne,
pour obtenir un hectolitre d'alcool absolu, il faut employer
3,000 kil. de betteraves qui donnent 540 kil. de pulpe (18 %),
et 2,460 kil. de jus (82 %) à 5 degrés densimétriques, auquel
on ajoute 540 kil. d'eau pour le ramener à 4° pour la mise
en fermentation, et on obtient environ

3,000 kil. de vinasses contenant	4,810	grammes d'azote.
540 — de pulpe —	2,521	—
	7,339	grammes.

Nous n'avons pas analysé les betteraves qu'on employait au
moment où nous avons pris la pulpe et la vinasse, mais il est
assez probable qu'elles ne diffèrent pas beaucoup de la composition que leur ont assignée MM. Corenwinder et Dufau, dans
leur travail sur les substances alimentaires destinées aux bestiaux.

D'après notre confrère, 100 kil. de betteraves *dites de Silésie*, contiendraient 0.25 d'azote,

ce qui donne pour 3,000 kil. . . . . 7 k. 500 azote ;
la vinasse et la pulpe nous ont donné . . . 7, 339
différence et perte 0, 161

Cette différence peut être attribuée à ce qu'il y aura eu dans la vinasse plus d'eau que d'ordinaire, ou moins de ferment ; les nitrates, dont le procédé analytique (chaux sodée) n'a pas permis de tenir compte, doivent aussi en faire partie.

Par suite de la connaissance que nous avons de la composition de la vinasse, et après les expériences tentées jusqu'ici sur les animaux, il est incontestable qu'elle est nutritive, mais faut qu'elle soit pure ; et presque tous les nombreux échantillons que nous avons examinés contenaient des acides minéraux libres, et des sels de cuivre en quantité quelquefois énorme. Ainsi, dans certaines vinasses, nous avons trouvé jusqu'à 10 et 12 milligrammes de cuivre métallique par litre, chiffre correspondant à 40 ou 48 milligrammes de sulfate et d'acétate de cuivre.

Si une pareille vinasse était employée à hydrater convenablement des aliments secs, il pourrait se faire qu'un animal en incorporât par jour de 60 à 100 litres ou 2 grammes 40 centigrammes à 4 grammes 80 centigrammes de sulfate et d'acétate de cuivre, sels essentiellement vénéneux qui ne tarderaient pas à exercer leur action toxique non seulement sur les races animales domestiques, mais encore sur les hommes à l'alimentation desquels leur chair est consacrée.

La présence du cuivre dans les vinasses n'est pas seulement préjudiciable aux bestiaux, mais encore aux industriels eux-mêmes. En effet, une usine où on fabrique par jour six pipes d'alcool produit journellement de 864 à 1,080 hectolitres de vinasses qui ont enlevé aux appareils un poids de cuivre équivalant à 864 grammes, et si cette action se prolongeait pendant 100 jours, la série d'appareils aurait perdu 86 kil. de son poids, ce qui ne laisserait pas que de devenir très-onéreux.

Il faut donc, pour avoir des produits utilisables et salubres, neutraliser complètement les vins avant la distillation. Ce procédé aura encore d'autres avantages, car il évitera dans le travail de la distillation, la production aussi considérable des produits dits *mauvais goût*, dans la formation desquels les sels métalliques et les acides libres, à une haute température, jouent un grand rôle. Il sauvegardera les appareils et laissera des résidus qui n'auront rien perdu de leur valeur nutritive, ce dont je me suis assuré en dosant l'azote contenu dans des vinasses provenant de vins préalablement neutralisés par le carbonate de chaux ; seulement, la quantité de matières salines était accrue ; et, au lieu de 7 grammes 26 centigrammes de cendres fournies par un litre de vinasses, acides et cuprifères, j'en ai obtenu 8 grammes 60 centigrammes avec la vinasse neutralisée. Je ne pense pas que ce léger excès de matières salines, en partie insolubles, soit de nature à apporter dans l'état physiologique des animaux une perturbation même très faible.

M. Marix (Lambert), qui depuis assez longtemps a entrepris des expériences en grand dans le but de rendre pratiques et industriels les procédés de neutralisation des vins de betteraves, est sur le point de voir ses investigations persévérantes et ses combinaisons ingénieuses couronnées de succès. Je pense que l'agriculture et la distillerie y trouveront chacune son compte, l'une par l'emploi avantageux d'une boisson alimentaire qui accroîtra la quantité de nos denrées animales, l'autre en se débarrassant avec bénéfice d'une matière encombrante qui, jusqu'ici ne s'était signalée que par ses inconvénients.

Les vins neutralisés laissent dans les filtres des dépôts considérables de sulfate de chaux qui peut avoir son emploi comme amendement ; et ainsi que nous l'avons dit, la vinasse, dont la quantité et la qualité des principes nutritifs ne sont point modifiées par cette opération préalable, ne perd rien non plus de ses propriétés fertilisantes lorsqu'elle est utilisée comme engrais.

D'après la quantité d'azote que j'y ai trouvée, son équivalent ou quantité à répandre par hectare serait de 25,900 kilog. ou 249 hectolitres contenant 40 kil. d'azote.

Il est bien entendu que la majeure partie de ce qui précède relativement à l'emploi des vinasses comme aliment, s'applique surtout aux vinasses provenant de l'extraction du jus de betteraves au moyen des presses. Quand on travaille d'après les procédés de macération à froid, les vinasses sont tellement étendues d'eau que leur richesse en azote est considérablement diminuée. Le procédé Champonnois permet d'utiliser longtemps les mêmes vinasses; le procédé Leplay n'en produit presque pas.

De l'examen analytique des vinasses auquel je me suis livré, je suis arrivé, contraint par la logique et la force des choses, à déterminer la composition des pulpes de betteraves obtenues par les rapes et les presses, et de celles réduites en fragments plus ou moins volumineux par les coupe-racines et épuisées d'après les procédés Dubrunfaut, Champonnois et Leplay.

Pour cela, j'ai opéré sur des échantillons de 500 grammes pris par moi-même dans les fabriques ou par des personnes en qui j'avais toute confiance. Cela était nécessaire afin de choisir ces échantillons dans des conditions telles que leur analyse pût indiquer l'état moyen des pulpes normales de chaque usine.

500 grammes de chaque pulpe ont été desséchés au bain marie jusqu'à ce qu'à la température de 100°, ils ne perdissent plus de leur poids. Une nouvelle pesée fit connaître la quantité d'eau et de matière sèche qui fut pulvérisée. 10 grammes du mélange furent prélevés dans la masse totale et réduits en poudre très fine dans un mortier de fer échauffé afin de neutraliser la tendance de la poudre à s'hydrater. Le dosage de l'azote fut opéré par le procédé de Péligot, sur une prise d'essai de 2 gram. Ensuite, en connaissant l'azote contenu dans 100 de matière sèche, le calcul permit d'établir la composition de la pulpe normale, son équivalent et son prix proportionnel à la richesse en azote.

Le tableau suivant nous offre le résultat de l'ensemble de ce travail.

Analyse des pulpes de betteraves obtenues par les différents procédés employés pour l'extraction du sucre qui doit être converti en alcool dans les distilleries.

DÉSIGNATION.	NOMS.	COMMUNES	Pal normale	Matière sèche. 0/0.	Eau 0/0	Azote 0/0 de matière sèche.	Azote 0/0 de pulpe normale.	Equivalent.	Prix de 1000 ki d'après richesse en azote
									fr. c.
Pulpe des rapes et presses.	Lesaffre et Bonduelle.	Marquette.	100	36.2	63.8	1.290	0.4669	85.6	17.47
La même lavée et exprimé de nouveau.	Id.	Id.	100	30.0	70.0	0.917	0.2751	145.2	10 31
Pulpes des rapes et presses.	Id.	Id	100	36.2	63 8				
	Liénard	Fives.	100	31.4	68 6				
	Bériot.	Moulins-Lille	100	26.3	73.7				
		Moyennes.	100	31.3	68 7	1.277	0.3997	100.0	15.00
Pulpes Champonnois.	Taffin.	Lesquin	100	11.3	88 7				
	Dailly.	Trappes.	100	11 5	88.5				
	Durot.	Bersée.	100	11.4	88.6				
		Moyennes.	100	11.4	88.6	2.478	0.2899	137.6	10.87
Pulpes de macération à froid.	Célariez et Waymel.	Hanbourd n.	100	7.0	93.0				
	Bonnier.	Moulins-Lille.	100	7 8	92 2				
	Defontaine.	Marquette.	100	6.5	93.5				
		Moyennes.	100	7.1	92 9	1 713	0.1216	329.7	4.54
Pulpe Leplay.	Leplay.	Douvrin.	100	8.85	91 13	2 380	0.2106	190 0	7.87
Vinasse normale des presses.	Lesaffre.	Marquette.	100	2.75	97.25	5.818	0.1606	249.8	6.02
Vinasse de macération.	Bonnier.	Moulins-Lille.	100	2.04	97.96	3.451	0.0704	566.7	2.64

En examinant ce tableau, ce qui nous frappe d'abord, c'est la richesse exceptionnelle de la pulpe des presses provenant de la distillerie de MM. Lesaffre et Bonduelle, elle ressemble à du carton, tant l'expression à laquelle elle a été soumise a été énergique. Comme elle entre dans la moyenne des pulpes Liénard et Bériot, elle en élève un peu la quantité d'azote au-dessus de la moyenne qu'on rencontre le plus généralement qui est de 0.38 %.

Ensuite, pour apprécier l'influence modificatrice que l'immersion des sacs dans l'eau, opérée dans quelques fabriques après une première expression, apporte dans la composition de la pulpe, j'ai pris 500 grammes du mélange exact des pulpes Lesaffre, fraîches, je les ai laissé macérer dans l'eau pendant une demi-heure environ, puis je les ai soumis à une forte pression. Cette pulpe a perdu beaucoup de sa richesse première, car l'azote contenu dans la matière sèche est descendu de 1,29 à 0,91. Ce mode d'opérer, s'il est avantageux au distillateur, n'est donc pas favorable aux propriétés nutritives de la pulpe.

Les pulpes Liénard et Bériot n'ont été que pressées et non lavées postérieurement.

Dans chaque série de pulpes de même origine, l'azote a été dosé en opérant sur une prise d'essai de 2 grammes faite dans le mélange exact, après dessiccation et pulvérisation de quantités égales de pulpes normales de chaque usine, de sorte que j'ai obtenu ainsi des moyennes aussi rigoureuses et aussi vraies que possible ; car dans chaque série, les pulpes épuisées par les mêmes procédés ont une composition à peu près identique.

Presque toutes les pulpes Champonnois sont acides, sans cependant que la dose d'acide libre soit assez forte pour nuire aux bestiaux ; presque toutes aussi contiennent du cuivre, les unes en faible proportion, d'autres en quantité assez forte pour en recevoir des propriétés toxiques, inconvénient qu'on éviterait si les vins étaient aussi neutralisés avant la distillation. Les résidus qu'elles laissent après l'incinération sont plus abondants que ceux fournis par des poids égaux de pulpes sèches obtenues par d'autres systèmes ; ils sont en moyenne de 2 p. % de pulpe normale ou de 18 % de matière sèche.

De l'examen du tableau ci-contre, il résulte que les pulpes les plus riches, tant à cause de la plus grande quantité d'azote contenu dans leur état normal qu'à cause du sucre qu'elles conservent encore, sont celles des presses ; puis viennent les pulpes Champonnois, ensuite Leplay et enfin Dubrunfaut.

Si nous considérons la richesse absolue des pulpes, c'est-à-dire celles qui représentent le mieux la composition de la betterave moins le sucre et dont la digestion est facilitée par leur état de demi cuisson, nous avons en première ligne la pulpe Champonnois, puis Leplay, ensuite Dubrunfaut et enfin celle des presses.

Pour établir l'équivalent, j'ai pris comme point de comparaison, la pulpe des presses à laquelle j'assigne le nombre 100 ;

Par suite, celle de M. Lesaffre, à 85,6
La pulpe pressée et lavée 145
Champonnois 137
Leplay 190
Dubrunfaut. 329

c'est-à-dire que pour qu'un animal, nourri avec les pulpes de betteraves provenant des divers systèmes, incorporât une quantité de principes nutritifs égale à celle contenue dans 100 kil. de pulpe des presses, il faudrait lui donner :

ou
{
85 kil. de pulpe Lesaffre,
145 kil. de pulpe pressée et lavée,
137 kil. de pulpe Champonnois,
190 kil. de pulpe Leplay,
329 kil. de pulpe Dubrunfaut.
}

Toujours en prenant comme point de comparaison la pulpe des presses et en en fixant le prix à 15 fr. les 1,000 kilog.

Le kil. d'azote vaut 3 fr. 75.

et d'après leur richesse en azote, les autres pulpes ont la valeur
vénale et rationelle suivante, toujours pour 1,000 kil.

          Lesaffre   .   .   .   .   17 fr. 47 c.
          Pressée et lavée .   .   10,   31
          Champonnois   .   .   .   10,   87
          Leplay   7,   86
          Dubrunfaut   4,   54

Cette dernire se conserve très bien malgré la grande quantité
d'eau qu'elle contient; notre collègue Cazier, maire d'Emmerin,
m'en a fourni un échantillon provenant de chez MM. Célariez et
Waymel, qui était excellent quoiqu'il provînt des travaux de la
campagne 1854-55, et qu'il eût plus d'une année de durée.

On connaît la facilité de conservation et l'amélioration qui se
produit dans les pulpes de presses mises en silos.

Je n'ai pu personnellement vérifier l'état des pulpes Champonnois et Leplay conservées pendant un certain temps.

Tel est, Messieurs, le travail que j'avais à vous présenter, j'es-
père qu'il pourra être consulté avec fruit et rendre quelques
services à l'agriculture.

CONFÉRENCE

SUR LA

GÉOLOGIE AGRICOLE,

Par M. BOURLOT

Les ordres du jour de vos séances sont si bien et si utilement remplis que je n'ai pas cru devoir les interrompre et demander la parole pour vous remercier de m'avoir admis au nombre des membres du Comice agricole de l'arrondissement de Lille. Aussi, vous voudrez bien me permettre, avant d'aborder le sujet dont j'ai à vous entretenir aujourd'hui, de vous offrir l'hommage de ma reconnaissance pour l'honneur auquel je dois d'entendre sur la science agricole des enseignements d'autant plus précieux que chacun est le fruit d'une expérience intelligente et réfléchie. Il est sans doute inutile d'ajouter, Messieurs, que vous me trouverez toujours disposé à répondre à tout appel que vous ferez à mon bon vouloir. Seulement je dois regretter de n'avoir guère à vous offrir sur la presque totalité des questions qui touchent immédiatement à l'agriculture, que des lumières empruntées à des travaux qui ne me sont pas personnels. Mais mes affirmations n'en auront que plus de garanties et d'autorité ; car je demanderai mes renseignements à des sources où l'on s'est habitué de puiser avec confiance. D'ailleurs vous serez là, Messieurs, pour discuter la valeur des propositions que je formulerai.

Je passe au sujet pour lequel la parole m'a été donnée :

La géologie agricole, ou la géologie considérée au point de vue des services qu'elle peut rendre à l'agriculture.

Le sol émergé présente généralement, presque universellement, vers son contact avec l'atmosphère, une couche plus ou moins épaisse où les végétaux trouvent un appui, en même temps qu'ils y puisent les principaux éléments de leur alimentation. Cette couche, appelée avec raison terre végétale, est superposée à des substances, aussi en couches ou bien en masses cristallines, dont les propriétés physiques et chimiques varient avec les lieux et dont l'ensemble constitue le sous-sol de chacun. Assurément celles-ci n'ont pas sur la richesse agricole le même degré d'influence que la première ; mais leur étude complète, même au point de vue de la production, est du plus haut intérêt. N'est-il pas clair en effet que ce sont les débris des roches en place qui ont fourni et fournissent encore à la terre végétale une grande partie des matériaux qui la composent ? N'est-ce pas dans le sous-sol que l'agriculteur doit puiser ces amendements variés qui constituent le sol arable dans l'état le plus propre à la production qu'on lui demande ?

La géologie agricole ne doit donc pas se borner à l'étude de la nature et de la composition du sol, mais elle doit aussi rechercher avec soin la nature et la composition des sous-sol. Lorsque l'agriculteur s'est rendu compte des qualités et des défauts de la terre qu'il exploite, lorsque, par son expérience ou par celle des autres, il a pu se dire quelles sont les substances minérales qui l'amélioreraient, il arrive forcément à se demander : où peut-on se procurer ces matériaux d'amélioration ? Evidemment la question s'adresse à la science du sous-sol, c'est celle-ci qui dira si parmi les couches interposées d'un lieu il en est qui renferment l'amendement qu'on désire et en quelle abondance, ou bien si on l'y chercherait en vain ; elle fera connaître, pour un terrain qui renferme l'amendement, la profondeur à laquelle il se trouve, la nature de matériaux qu'il faut traverser pour l'atteindre, et ainsi elle renseignera sur l'économie de l'extraction ; en un mot elle éclairera presque complètement l'agriculteur sur toutes les circonstances de la solution qui l'intéresse.

De là, Messieurs, la nécessité logique de faire précéder de notions théoriques de géologie pure l'indication même sommaire et incomplète des applications agronomiques de cette science. Aussi voyons-nous qu'au sein du congrès des délégués des sociétés savantes de France, l'enseignement géologique a été indiqué comme devant être très-profitable à l'agriculture. D'ailleurs l'expérience de la première moitié de notre siècle n'est-elle pas là pour nous enseigner que l'étude approfondie de la science théorique amène vite les applications? La navigation à vapeur, les chemins de fer, le télégraphe électrique en sont des preuves éclatantes. Faut-il en citer une qui ait trait à l'utilité de la géogénie en particulier? Voici ce que nous trouvons dans le rapport de M. Jobart sur l'exposition universelle : « Un ingénieur européen, partant des données théoriques, suppose que le nouveau-monde, étant aussi vieux que l'ancien, devait être d'autant plus riche en houille que la végétation y est plus puissante ; aussi, vient-il de découvrir que le sous-sol de l'immense vallée de l'*Ohio* n'est qu'un vaste magasin de charbon répandu sous 256 mille kilomètres carrés. »

Telles sont, Messieurs, les principales considérations qui m'ont déterminé à rappeler tout d'abord les généralités admises de la science géologique ; de plus je prendrai pour point de départ la théorie géogénique qui paraît une explication rationnelle des faits connus jusqu'à présent.

Assurément personne n'oserait affirmer que, dans les idées généralement admises aujourd'hui sur l'histoire naturelle de la terre, se trouvent les formules exactes, immuables, des relations qui lient les phénomènes à leurs causes respectives. Tant de fois des systèmes sur la matière, que l'on croyait solidement établis, ont été renversés par des observations nouvelles, qu'il faut être sobre d'affirmations aussi exclusives. Cependant la théorie hypothétique de formation que je vais essayer d'esquisser, d'après les maîtres de la science, s'adapte si bien à ce qui est, que je n'hésite pas à lui emprunter un secours précieux, celui de faciliter singulièrement la mémoire des faits et des classifications.

Le géologue, dans l'état actuel de la science, doit regarder comme incontestablement établi que notre terre était primitivement une masse incandescente et fluide, qu'entourait une atmosphère rendue épaisse et lourde par une multitude de vapeur et de gaz aujourd'hui condensés ou combinés. Placé au milieu d'un espace sans bornes, à basse température, et par suite dans des circonstances favorables à son refroidissement, le globe terrestre s'est recouvert d'une écorce solide, qui, d'abord à l'état de mince pellicule, a pris une épaisseur progressivement croissante de l'extérieur à l'intérieur. Mais, avant d'avoir acquis un certain degré de résistance, la croûte solide a dû subir un grand nombre de fractures, sous l'effort des marées gigantesques du liquide bouillonnant qu'elle enveloppait; bien des fois la matière en fusion s'est élancée par les intervalles des dislocations, et épanchée au-dehors en montagnes rugueuses et cristallines. De là évidemment une grande irrégularité dans les surfaces primitives.

Cependant, à mesure de l'épaississement de la croûte, la température, à la surface extérieure et au-dessus dans l'atmophère, s'est abaissée peu à peu. Il est arrivé que les vapeurs aqueuses suspendues dans les régions aériennes ont pu se précipiter en un liquide à température élevée et se rassembler dans les anfractuosités en mers ou en lacs plus ou moins étendus. Alors est apparu un autre ordre de causes modificatrices du relief solide, les causes résultant des actions de l'eau sur les parois des cavités ou des dépressions qui la contenaient. C'est d'abord le pouvoir dissolvant de l'élément aqueux exalté à la fois par sa haute température et par la présence de substances corrosives: on conçoit que, dans ces eaux rendues ainsi éminemment propres à attaquer les roches incomplètement refroidies, devaient se préparer pour des circonstances particulières ces immenses précipitations que l'on peut observer aujourd'hui dans les différents terrains. Puis aux actions physico-chimiques du liquide dissolvant s'en joignaient d'autres, purement mécaniques, capables d'effets non moins puissants, à raison de leur constance et de leur longue durée. Le sol, sans cesse convulsionné par les efforts de la matière en fusion, agitait les mers et les lacs, donnait une énergie extrême à leurs vagues, et, celles-ci sapant les roches des rivages les fracturaient et en entraînaient les débris dans les bas-fonds pour les y déposer en couches stratiformes de matériaux fragmentaires ou pulvérulents.

Telles sont les causes par lesquelles on explique la formation de ce que nous avons appelé la croûte solide du globe terrestre. C'est d'une part le refroidissement de la matière en fusion qui en augmente l'épaisseur de haut en bas ; c'est d'une autre part l'action sédimentaire qui l'accroît de bas en haut ; et c'est encore l'action incessante de la matière en fusion sur les terrains déjà formés, qui, par des millions de soulèvements avec ou sans épanchements à la surface, a fait le relief actuel de nos continents, du fonds de nos mers et des îles qui les parsèment.

Depuis que la précipitation des eaux a été possible, et cela bien longtemps avant que la température se fût abaissée à 100°, vu l'énorme pression de l'atmosphère, les causes que nous venons d'énumérer n'ont pas cessé d'agir simultanément. Aujourd'hui même, nous les voyons continuer leur action modificatrice et continue. L'accroissement de la température avec la profondeur, constaté dans tous les forages du sol et par l'observation des sources thermales, nous dit assez que le noyau bouillonne encore sous l'écorce refroidie ; les secousses qui font trembler le sol, jetant l'alarme et les désastres dans de vastes contrées, les apparitions subites de montagnes et d'îles, les éruptions de ces trois cents bouches ignivomes qu'on appelle des volcans, ne nous permettent pas de douter que les vagues de la mer de feu ne sont pas calmées. Quant aux actions stratiformes, les deltas des embouchures des grands fleuves, les empiètements du fonds des mers, les attérissements des lacs et des rivières, les dépôts des inondations, les ravinements des eaux pluviales et torrentielles nous fournissent de nombreux exemples de cette tendance au nivellement, qui continue lentement son action, jusqu'à ce qu'un nouveau cataclysme *possible* vienne troubler l'état actuel d'équilibre et peut-être déplacer les mers par d'autres dénivellations.

Nous n'avons pas tenu compte jusqu'à présent des actions joviennes, c'est-à-dire, des effets dus aux agents atmosphériques. Cependant si aujourd'hui celles des causes météorologiques dont il n'a pas encore été question, produisent des résultats qui ne sont pas négligeables, il a dû en être de même, à plus forte raison, dans les temps anciens Mais le plus ordinairement on ne saurait discerner les formations joviennes des dépôts neptuniens, auxquels ils ont été d'ailleurs mélangés par les bouleversements plutoniens. Aussi réunit-on dans une même catégorie et les faits aqueux et les faits atmosphériques, si ce n'est pour les terrains modernes où l'on peut distinguer l'une de l'autre ces deux natures de faits.

L'hypothèse dont nous venons de tracer l'esquisse rapide, rend bien compte de cette grande division des roches terrestres en roches cristallines et en roches sédimentaires, qu'on appelle encore roches plutoniennes et roches neptuniennes. Pour les dernières elle donne une explication claire de leur ordre de formation, par l'ordre de leur superposition. Il semble de là que si l'on inscrivait dans un tableau, en les désignant par des numéros d'ordre, les diverses couches des terrains de dépôts en regard de leurs caractères minéralogiques, on aurait des éléments suffisants à la détermination des âges géologiques des couches de chaque district. Toutefois, il n'en est pas absolument ainsi : la composition minéralogique laisse souvent de l'incertitude au classificateur ; il doit alors recourir et recourt avec succès à d'autres caractères que lui fournissent les restes d'êtres vivants enfouis dans les terrains.

On conçoit, en admettant notre théorie géogénique, que

la vie organique, végétale ou animale, n'a pas été possible tout d'abord à la surface de la terre, à raison de la haute température et de l'air et du sol. Aussi, comme on doit le prévoir, ne trouve-t-on pas d'indices de la présence des êtres vivants dans les roches cristallines ou dans les terrains que nous appellerons primitifs parce qu'ils ont précédé tous les autres et que même ceux-ci sont formés des débris des premiers. Mais la végétation et la vie animale n'ont pas tardé à trouver sur les dépôts stratiformes les conditions d'une existence possible ; car on rencontre des débris fossiles d'êtres vivants dans les terrains sédimentaires les plus anciens. Toutefois, la température s'abaissant et l'air perdant par des précipitations successives quelques-uns des principes qui entraient dans sa composition première, il doit en être résulté un grand nombre de variations dans les circonstances qui agissent sur les deux vies, pendant que s'opéraient tous ces cataclysmes dont le sol a été tant de fois bouleversé. De là une variation constante dans la physionomie de la faune et de la flore terrestres aux diverses époques géologiques ; aussi, chaque terrain, chaque étage, et, pour ainsi dire, chaque couche a des caractères botaniques et zoologiques spéciaux. C'est ainsi qu'en suivant l'ordre chronologique naturel des terrains, on observe pour les êtres vivants deux séries commençant dans chaque règne à des êtres d'une organisation simple et arrivant par une espèce de progression l'une à l'animalisation, l'autre à la végétation contemporaines de l'homme et qui peuplent aujourd'hui la terre.

On sait que l'on doit au génie du savant Cuvier les premiers chapitres de cette science, appelée palæontologie, qui, reconstituant les êtres organisés des temps anciens, nous donne les aspects divers de la flore et de la faune aux divers âges et complète ainsi l'histoire naturelle de notre globe pour des temps bien antérieurs à l'apparition de l'homme.

L'étude des fossiles offre donc un vif intérêt de curiosité ; mais cette considération seule ne justifierait pas complètement, ce nous semble, l'importance qu'on attache à la science dont il s'agit, s'il ne s'y joignait un puissant motif d'utilité. Et en effet, les résultats de la palæontologie, nous le répétons, fournissent au géologue le moyen le plus certain de déterminer les horizons géologiques, c'est-à-dire, l'ensemble des couches de même âge, disséminées sous toutes les latitudes du globe et à des profondeurs variables avec les lieux.

Or, la nature des richesses minérales des terrains change avec l'âge de ces terrains, et delà, suivant que telle ou telle espèce fossile se trouve dans des couches qu'on exploite, on conclut la possibilité d'y rencontrer telle substance qu'on recherche, ou la certitude qu'on l'y chercherait vainement.

Nous devons cependant répondre à une objection qui viendra sans doute à l'esprit, contre la certitude des caractères palæontologiques appliqués à la détermination des horizons géologiques. Si l'on voit aujourd'hui les espèces vivantes distribuées dans des zônes climatériques spéciales, de telle manière que les espèces vivantes d'un climat ne sont pas les mêmes que celles d'un climat différent, pourquoi n'admettrait-on pas qu'il en a été de même avant l'époque historique ? La réponse est facile ; ce sont les faits qui la fournissent : des terrains qui présentent des caractères minéralogiques identiques, sous quelques latitudes différentes qu'on les ait rencontrés, ont offert au naturaliste des espèces et même ordinairement des variétés identiques. D'où cette conséquence que les influences climatériques avant l'apparition de l'homme, n'avaient qu'une valeur très-peu appréciable, quand elle n'était pas nulle. Du reste on comprendra facilement à priori qu'il doit en avoir été ainsi, en se rappellant que la température, d'abord très-élevée, s'est abaissée progressivement et peu à peu. Il en résulte que les influences solaires et de latitudes ont dû être dans le principe complètement masquées, et on ne sera pas surpris de ne les voir apparaître que dans les formations les plus récentes.

Messieurs, j'ai résumé, toute l'hypothèse que l'on a créée

pour se rendre compte des faits acquis par l'observation ; mais il me reste, pour en avoir fini avec la partie exclusivement théorique, à vous exposer sommairement comment les naturalistes ont été amenés à supposer l'existence des causes qu'ils admettent.

Les tranches du sol, mises à découvert dans les dénudations et les excavations naturelles des pays accidentés ou dans les forages artificiels pratiqués pour les besoins de diverses économies, montrent en général des couches assimilables, pour les caractères physiques et chimiques, à celles que nous voyons se former soit au contact de l'atmosphère, soit sous les eaux douces ou salées. Et ce qui rend plus probable encore la similitude d'origines c'est que dans les couches anciennes, comme dans celles d'aujourd'hui, on trouve souvent des restes d'êtres vivants, où la matière organique a subi, il est vrai, plus ou moins de tranformations chimiques, mais où les caractères extérieurs sont cependant assez suffisamment conservés pour qu'il soit possible de classer les êtres qui les ont fournis. Toutefois, dans les formations actuelles, nous voyons les couches se déposer à peu près horizontalement, tandis que les dépôts anciens rarement horizontaux offrent tous les degrés d'inclinaison jusqu'à la verticale, qu'ils dépassent même quelquefois. On y remarque fréquemment des ruptures de très-grande étendue, avec des dénivellations considérables, des dislocations, des bouleversements qui ont mêlé des matériaux de formations différentes, des altérations qui ont transformé les textures lithoïdes en texture cristalline, et quelquefois modifié la composition chimique par l'introduction de substances étrangères. Souvent encore les couches sédimentaires sont traversées par des matériaux dont l'origine ignée est évidemment accusée par leur cristallisation franchement prononcée. Enfin partout où l'on a pu atteindre la base des terrains stratifiés, on a reconnu qu'ils reposent sur des roches dont l'état physique et la composition indiquent clairement l'origine par la solidification d'une matière primitivement à l'état de fusion ignée. C'est par tous ces faits et par tant d'autres, inexplicables avec les seules hypothèses d'actions neptuniennes et joviennes, que l'on a été forcé de recourir à un autre ordre de causes, à des actions ignées souterraines, dont nous avons d'ailleurs encore des spécimens dans les éruptions des volcans dits en activité, tels que le Vésuve, l'Etna, l'Hécla, etc ; dans les tremblements de terre qui bien des fois chaque année secouent des contrées de l'un et de l'autre hémisphère, faisant des ruines de cités florissantes, comme à Lisbonne, il y a un siècle ; engloutissant dans d'immenses crevassements du sol maisons et habitants, comme il vient d'arriver pour Jeddo, deuxième capitale du Japon, où cent mille maisons et trente mille personnes ont été dévorées par les abîmes de la terre.

Il parait hors de doute que de tout temps les couches stratifiées ont été soumises à l'action de forces émanant de la partie centrale du globe, que de tout temps des matériaux à l'état de fusion ignée ont agi au-dessous des couches consolidées ou déposées les soulevant, les agitant, les brisant, s'élevant dans les fractures, quelquefois jusqu'à la surface supérieure. C'est en effet à l'énorme puissance de ces causes seules, que l'on peut attribuer l'origine des chaînes de montagnes et celle des montagnes isolées, la présence dans les terrains de toutes les époques des filons de matières cristallines et métallifères dont la forme et le gisement indiquent certainement une injection de bas en haut, ces crevasses gigantesques, appelées *failles*, dont les lèvres sont souvent à des niveaux très-différents. En résumé, si l'on fait abstraction de quelques dénudations dues à l'érosion des eaux courantes, fluviatiles ou torrentielles, si on laisse de côté les découpures produites par la mer sur ses rives et l'action destructive des agents atmosphériques sur les roches baignées par l'air, parce que d'ailleurs ces faits ont une faible importance relative, c'est aux causes ignées que l'on doit attribuer les ondulations, les plissements, les déchirements et en un mot toutes les grandes accidentations, apparentes ou souterraines de la croûte solide du globe.

Messieurs, je bornerai ici mon premier entretien sur la géologie. Les généralités théoriques étant prémisses, je pourrai aborder plus facilement et plus rapidement dans une prochaine séance la partie pratique de la science, celle à laquelle l'agriculture peut emprunter d'utiles applications.

CONFÉRENCE

SUR LA

CULTURE & LA PRÉPARATION AGRICOLE

DU LIN,

Par M. LECAT-BUTIN, Cultivateur, à Bondues

Les conférences agricoles ont été inaugurées en 1847, au sein de la Société des Sciences, de l'Agriculture et des Arts de Lille. Les sujets qu'on y a traités, intéressent au plus haut degré l'agriculture ; pour convaincre de cette vérité, il suffit de rappeler les titres de chacune de ces conférences, avec le nom de son auteur.

Les voici par ordre de date : (1)

— Des insectes nuisibles à l'agriculture, par M. Macquart ;

— Sur l'économie du bétail, par M. Demesmay ;

— Des applications de la géologie à l'agriculture, par M. Meugy ;

— Sur la connaissance de l'âge des animaux domestiques, par M. Loiset ;

— De la santé des habitants de la campagne, par M. Le Glay;

— Des assolements, par M. Cazeneuve ;

— Législation des portions ménagères aux parts de marais dans le Nord de la France, et le droit rural, par M. Legrand ;

— Les plantes parasites, par M. Bailly ;

— L'architecture rurale, par M. Caloine ;

— L'histoire et la culture du froment, par M. Julien Lefebvre.

Nous avons nommé les personnes qui ont pris successivement part à ces diverses conférences ; cela suffit pour juger du mérite de leurs œuvres, et nous dispenser de tout commentaire.

(1) Voyez les publications agricoles de la Société impériale des Sciences, de l'Agriculture et des Arts de Lille :
Tome VII. Pages 170, 197, 221, 237, 269, 285.
Tome VIII. Pages 1, 57, 73, 101, 117, 137, 165.
Tome X. Page 201.

Un moment interrompues, ces conférences viennent d'être reprises par le Comice agricole, et nous sommes heureux d'entendre de nouveau quelques-uns de ces hommes entièrement dévoués à l'agriculture, qui consacrent leur temps et leurs talents à son instruction et à sa défense. Honneur à ces hommes bienfaisants dont tous les efforts tendent constamment à faire respecter, à relever, à tirer du néant cette agriculture dont nul ne peut se passer, d'où dépend l'existence de l'humanité tout entière, et qui, pourtant, est encore si peu appréciée dans un certain monde! Mais patience, les temps changent; nous possédons, à l'heure qu'il est, bon nombre d'hommes de cœur, comme ceux cités plus haut; défendue par eux près d'un gouvernement juste et équitable, l'agriculture reprendra bientôt et saura conserver le rang suprême. Ses titres ne sont-ils pas en effet les mêmes qu'ils étaient il y a deux mille ans, alors que Cicéron la proclamait le premier des arts, le plus noble, le plus digne de l'homme libre? Si les paroles de l'orateur romain étaient toujours comprises, le cultivateur, comme l'a dit un des plus éloquents défenseurs des intérêts agricoles, « cesserait de se « sentir isolé, abandonné, méconnu, et en présence du dédain, « ou tout au moins de l'indifférence générale, il ne se laisserait « plus aller au découragement ni au dégoût de sa profession. »(1)

Pardon, Messieurs, pour cette digression; mais je voulais vous dire encore une fois combien nous devons, nous, simples ouvriers de l'agriculture, qui ne pouvons rien par nous-mêmes; combien nous devons, dis-je, à ces hommes dévoués et courageux, qui, placés par leurs talents, leur fortune, au sommet de l'échelle sociale, luttent sans cesse pour la défense de nos droits, de nos intérêts et de notre considération.

Aux savants fondateurs du Comice, qui déjà avaient payé leur tribut dans une autre enceinte, se sont joints d'autres hommes pleins de zèle et que nous sommes heureux et fiers d'avoir pour

(1) M. le baron de Tocqueville

collègues, et qui, comme leurs devanciers, ont bien voulu nous faire connaître, dans de nouvelles conférences, les rapports qui existent entre les sciences, la théorie et l'agriculture, afin que la pratique puisse en tirer des applications et des renseignements utiles.

Vous le voyez, Messieurs, jusqu'aujourd'hui les hommes qui ont pris part aux conférences sont des savants de premier ordre, ils nous ont révélé des moyens possibles d'amélioration qui nous étaient inconnus, et que la pratique saura mettre à profit.

Mais, pourquoi faut-il qu'un simple cultivateur, dépourvu de science, ne possédant rien que des connaissances purement pratiques, familières à tous les membres agriculteurs de cette assemblée, vienne faire ombre au tableau ? Que peut-il dire pour vous intéresser ? Aussi, n'avais-je pas la moindre intention de prendre part aux conférences, mais notre infatigable secrétaire-général, sans s'inquiéter le moins du monde de notre incapacité, ou de ce qu'il nous coûte d'efforts pour faire marcher une plume souvent rétive, prétend que nous devons aussi payer notre tribut, et que chacun de nous , dans la sphère de ses moyens, peut encore intéresser et instruire.

Après tout, j'ai pensé que son parti était pris, et que son zèle, son impatience à provoquer tous les moyens qui peuvent contribuer au bien-être ou à l'avancement des progrès agricoles, ne sera satisfait que quand chacun de nous (ici je m'adresse plus particulièrement aux simples cultivateurs, qui, comme moi, ne s'occupent que de la pratique) se sera emparé d'une culture spéciale, et sera venu ici en faire l'historique, c'est-à-dire rendre compte des opérations d'une pratique étudiée sur le terrain même, comme je vais essayer de le faire pour la culture et la préparation agricole du lin dans notre arrondissement.

« L'origine de l'usage du lin, dit M. Mareau, dans son rap-
« port au Ministre de l'agriculture, se perd dans la nuit des
« temps. On n'a découvert encore dans aucun des monuments
« historiques que nous possédons , des renseignements sur la

« découverte ni sur les premiers essais du tissage qui en ont été
« faits. De toute antiquité, on trouve l'usage des tissus de lin
« établi chez les peuples primitifs. Son histoire est en quelque
« sorte celle du blé. Dès que les hommes apparaissent réunis
« en société, on les voit sachant se nourrir et se vêtir, sans qu'on
« puisse découvrir par quels moyens successifs ils sont arrivés à
« amener à ce degré de perfection l'agriculture et l'art du tis-
« serand. »

On suppose que la culture du lin aurait été introduite dans
notre pays environ trois siècles avant l'ère chrétienne par l'in-
vasion des hordes barbares venues des bords de la mer Noire.
Quoiqu'il en soit, il est avéré que déjà lorsque les Romains ar-
rivèrent dans nos contrées, la culture du lin et l'art de le con-
vertir en toiles y étaient connus, et le sarrau, appelé d'abord
sagum et qui est encore aujourd'hui le vêtement indispensable
du laboureur, faisait déjà alors partie du costume national de
nos ancêtres.

Depuis lors et jusqu'à la découverte de la filature et du tissage
mécanique, le teillage, le filage et le tissage ont toujours été
l'apanage des habitants de la campagne, et considérés par eux
comme une conséquence du produit de la terre, et tous les travaux qu'occasionnaient ces diverses transformations restaient en
intime liaison avec la culture.

Il est certain que nos lins ont constamment joui d'une réputation universelle, puisque déjà une chronique du XIIIᵉ siècle,
citée par Mathieu de Westminster, dit que le monde entier venait
chercher ses vêtements en Flandre, et de nos jours, nous lisons
dans le *Dictionnaire géographique* de Rienzi, que le département
du Nord produit le lin le plus fin et le plus beau que l'on puisse
trouver en Europe.

Depuis le XIVᵉ siècle où il est fait mention de cette plante
pour la première fois dans les actes du gouvernement, de nombreux édits et ordonnances ont constamment témoigné de l'intérêt dont l'industrie linière a toujours été l'objet de la part des

gouvernements qui se sont succédé ; mais depuis que le filage et le tissage sont passés des champs à la ville, depuis que ces diverses transformations, qui étaient une annexe de l'agriculture , sont tombées dans le domaine de l'industrie , deux intérêts se sont alors trouvés en présence ; dès-lors, l'agriculture a eu constamment à lutter contre les prétentions de sa jeune sœur ; mais cette dernière, plus hardie, plus insinuante, possédant cette clef d'or qui ouvre, dit-on , toutes les portes, protégée d'ailleurs par un grand nombre d'institutions , entourée de protecteurs puissants qui ne laissaient perdre aucune occasion de faire prévaloir son mérite, grâce à tant d'avantages réunis, parvint en peu d'années, au plus haut degré de fortune et de prospérité. L'agriculture, au contraire, simple, timide, ne sachant, dans son isolement, faire usage de sa force ni de sa puissance ; privée , jusqu'à ces dernières années, d'institutions qui auraient pu la garantir et la protéger, a presque toujours succombé dans la lutte ; ce qui explique le découragement qui s'est emparé, à plusieurs reprises, du producteur français, et qui a failli anéantir presque complètement cette précieuse culture dans notre pays.

Il nous serait facile de prouver ce que nous avançons ; mais notre intention étant de nous renfermer exclusivement dans la partie pratique, nous laisserons cette discussion pour ne nous occuper que de la culture et de la préparation agricole du lin.

On compte jusqu'à 48 espèces ou variétés de lin, mais nous ne parlerons que de deux espèces : le lin à fleurs blanches et le lin commun à fleurs bleues ; c'est de cette dernière variété que nous nous occuperons à peu près spécialement comme étant celle cultivée presque généralement dans notre arrondissement. Parmi les autres variétés , plusieurs sont de pur agrément, et font plutôt partie du domaine de l'horticulture.

Bien que l'on puisse récolter le lin dans toute l'étendue de notre arrondissement et dans des terrains très-divers, il faut cependant reconnaître que la nature du sol a une certaine influence sur la quantité et sur la qualité de la filasse ; en cela, chaque cultivateur saura apprécier la contrée qu'il habite et connaître par expérience quelles sont les terres de son exploitation qui conviennent le mieux à cette culture. Mais en dehors de ces considérations, il reste une foule d'autres circonstances qui augmentent ou qui diminuent les chances de succès ; c'est ce que nous allons essayer d'examiner, mais d'une manière très-succincte.

De l'assolement.

Dans l'arrondissement de Lille, la plupart des cultivateurs ne sont pas soumis à un ordre de rotation absolue. Ils ne respectent l'assolement ou la succession régulière des récoltes que quand aucune autre culture spéciale n'offre point d'avantages réels. Ainsi, l'on néglige les plantes commerciales les plus délaissées pour cultiver celles qui offrent les plus grandes chances de bénéfice. Il est bien entendu que l'on évite autant que possible de faire reparaître les végétaux de la même espèce plusieurs années de suite sur la même terre. Pour le lin, il ne peut revenir sans danger qu'après un intervalle de sept à huit ans, et plus l'intervalle est long, plus les chances de réussir et d'obtenir une bonne récolte augmentent.

Les lins se sèment le plus souvent après trèfle, blé, avoine ; quelquefois ils remplacent aussi le tabac, la pomme de terre et l'hivernage. A cet égard, il n'y a pas de règle absolue ; mais si l'on peut obtenir de bons lins après ces différentes cultures, on ne peut disconvenir que ceux récoltés en place d'avoine donnent le plus souvent une filasse de premier choix. C'est pour cette raison que cette sole est choisie de préférence.

Des labours.

Le nombre et la profondeur des labours dépendent en grande partie de la culture précédente. Ainsi, quand il s'agit de remplacer le trèfle par du lin, un seul labour suffit. Ce labour se fait ordinairement dans le courant de novembre ou décembre, avec une charrue sur laquelle est fixée une rasette qui précède le soc, enlève la surface et dépose au fond de la raie le gazon ; du moment que toute verdure est bien recouverte, cela suffit, car nous savons par expérience que, dans ce cas, le labour le moins profond est le meilleur. Pour les autres assolements, quand la terre a été bien disposée par plusieurs labours, on exécute de différentes manières et suivant la nature du terrain, celle qui doit recevoir la semence au printemps.

Quand, par exemple, on a affaire à une terre forte et argileuse, une forte raie ou deux raies l'une sur l'autre suffisent, et bien que ces sortes de terres se labourent toujours très-grosses, les gelées pulvérisent parfaitement les mottes et le sol se trouve au printemps dans un bon état d'ameublement. Mais pour les terres légères qui se resserrent à la surface et sur lesquelles la gelée n'exerce aucune action, il convient d'employer simultanément la bêche et la charrue ; dans ce cas, on procède de deux manières différentes. La première, que nous appelons lit-avant, consiste à creuser dans toute la largeur de la sixième ou septième raie, une rigole de la profondeur d'un fer de bêche, cette terre est alors répartie sur toute la surface des six ou sept raies qui viennent d'être labourées, et ainsi de suite. Ce travail, comme je l'ai dit dans une autre occasion, est presqu'un drainage, puisque des rigoles internes d'une profondeur de 35 à 40 centimètres se trouvent à environ 2 mètres de distance l'une de l'autre. (Des rigoles ouvertes, ou sillons d'écoulement, sont laissées à une distance de 8 à 10 mètres.) Le labour qui se trouve entre chaque rigole diminuant graduellement en profondeur, forme une pente vers ces mêmes rigoles, de sorte qu'en effectuant ce travail qui ne coûte qu'environ 15 à 16 francs l'hectare, en sus d'un labour ordinaire, puisque huit hommes peuvent l'effectuer en un jour, la terre se trouve constamment dans un bon état d'assainissement. Il en résulte que le sol est plus propre, moins compact, qu'il s'imprègne pendant l'hiver des gaz fertilisants répandus dans l'atmosphère, que les eaux pluviales ne séjournent plus à la surface, que l'humidité s'évapore plus facilement, enfin que la terre se trouve dans de meilleures conditions, et peut recevoir la graine beaucoup plus tôt, ce qui est d'un avantage incontestable.

Le deuxième mode que nous appelons *palletage* et qui est presque spécial à la culture qui nous occupe, consiste à faire suivre le laboureur par cinq ou six hommes qui enlèvent dans le fond de chaque raie et à la distance de 25 à 30 centimètres une béchée de terre, qu'ils placent verticalement entre les deux dernières raies qu'on vient de labourer. (On a aussi le soin de laisser ouverts des sillons d'écoulement toutes les 25 ou 30 raies suivant la nature du terrain.) Ce défoncement extraordinaire amène à la surface une multitude de petites mottes extraites du sous-sol. Cette espèce de terre vierge exposée à l'air et en contact direct, pendant plusieurs mois, avec la pluie, la gelée, le soleil, s'imprègne de tous ces agents essentiels à la germination et à la nourriture de la plante ; en un mot, cette opération a tout à la fois pour but d'ameublir le sol, de le soustraire à l'humidité, de rendre la terre plus propre et de la disposer à recevoir la graine sans danger aux premiers beaux jours du printemps. Le surcroît de la dépense occasionnée par la bêche peut être évalué à environ 18 à 20 francs l'hectare.

Des engrais.

L'engrais est la base de toute culture ; mais on fume les terres de plusieurs manières, suivant les ressources des localités ou la variété du sol. On emploie pour cet objet une quantité considérable de fumures de natures différentes et sous toutes les formes. Cependant, si les engrais sont aux végétaux ce que la nourriture est aux animaux, il importe d'employer celui qui convient le mieux au tempéramment et à la nature de chaque plante. Pour une culture comme celle du lin surtout, leur choix a une haute importance.

Dans notre arrondissement, on engraisse, presque généralement, une quinzaine de jours avant la semaille, les terres qui
doivent porter le lin, (j'en excepte pourtant celles qui sont assez
engraissées de fumier ou d'autres engrais avant l'hiver), et cela,
soit avec des tourteaux de graines oléagineuses, soit avec des
vidanges, soit avec du guano, etc.

Les lins fumés avec des vidanges restent souvent verts, ont
une mauvaise maturité, et par suite une filasse plus grossière;
aussi, les marchands ne les achètent qu'avec une extrême défiance;
ceux fumés avec du guano ne sont pas non plus très-recherchés;
les marchands de lins teillés prétendent qu'ils contiennent moins
de filasse. Bien que, suivant nous, l'influence qu'exerce cet engrais sur la valeur intrinsèque du lin ne soit pas encore bien démontrée, cette opinion est cependant partagée par un grand
nombre de personnes.

Le meilleur de tous les engrais pour cette culture est sans contredit le tourteau, et surtout les tourteaux d'œillette et de chanvre.
Leur nature plus chaude accélère la maturité, donne au lin une
couleur plus brillante, et à la filasse plus de finesse, enfin, c'est
avec cet engrais que l'on obtient le lin de premier choix.

Quant à la quantité d'engrais à employer, cela dépend un peu
de ce qui reste en terre des années précédentes, c'est au cultivateur à en savoir apprécier l'importance; mais quand une terre
est arriérée, qu'il n'y reste plus rien ou à peu près, comme par
exemple après avoine, alors si vous employez des vidanges de
latrines, la quantité nécessaire est de 250 à 300 hectolitres par
hectare. Si c'est du guano, 700 à 750 k. peuvent suffire, à la
condition, bien entendu, que cet engrais contienne de douze à
quinze pour cent d'azote. Pour les tourteaux, soit d'œillette, soit
de chanvre, la quantité nécessaire est de 2,000 à 2,300 kil. En
employant cette quantité réduite en poudre et que l'on aura soin
de répandre sur la terre une quinzaine de jours avant la semaille,
afin que la chaleur de cet engrais ne puisse nuire à la semence,
on a les plus grandes chances de réussir. Cependant, il arrivera

encore, certaines années, que vous aurez fumé trop, ou trop peu, car l'état atmosphérique a une influence absolue sur cette culture, et les dangers que l'intempérie fait courir à la qualité du lin, sont immenses. Le soleil, la pluie, la chaleur, quand ils arrivent à propos, contribuent plus au succès de cette plante que toutes les autres circonstances réunies.

De la Graine.

Nous savons par expérience que toutes les semences doivent être renouvelées, nous sommes donc obligés de recourir de temps en temps au pays originel, afin de conserver à la plante toute sa vigueur. Mais de toutes les cultures, aucune ne dégénère aussi rapidement que celle du lin. C'est pour cette raison que nous payons à un prix si élevé la graine à semer qui nous vient de Russie, en courant même encore le risque d'être victime de la fraude à laquelle donne lieu ce commerce. En effet, on a quelquefois soupçonné, à tort peut-être, que cette graine fût mélangée avec celle du pays. Il est vrai que parmi celles qui nous viennent directement de Riga, il s'en trouve de plusieurs qualités, et chaque année, il en arrive une certaine quantité qui laisse non-seulement beaucoup à désirer, mais qui ne germe pas, et cette année encore, plusieurs cultivateurs de l'arrondissement de Lille se sont trouvés dans la nécessité de labourer leurs champs ensemencés avec de la graine de tonne. Il est vrai que la levée est toujours garantie, mais il n'en résulte pas moins pertes et désagréments pour le cultivateur.

Enfin, si les graines de qualité inférieure poussent, elles n'ont pas la vigueur requise; et dans la suite, il en résulte du dépérissement ou une croissance inégale, tandis que la bonne graine de Riga produit en général un lin qui se distingue par sa force et sa beauté.

Cependant, bien que la chose soit difficile, quelques personnes pensent qu'on peut reconnaître par quelques signes la bonne graine de Riga. Plusieurs cultivateurs, qui en ont fait l'expérience, prétendent que la bonne graine de Russie, bien épurée, comparée à celle du pays, donne, mesure égale, moins de poids; que, si cette première pèse autant, c'est qu'elle est mélangée ; mais cette différence ne pourrait-elle pas provenir de ce que la graine de Russie n'est jamais aussi sèche, aussi coulante que nos graines du pays, qui, du reste, diffèrent aussi dans le poids ? Je laisse cette appréciation aux intéressés qui pourront en faire eux-mêmes l'expérience.

Un de nos collègues, M. Auguste Beghin, soutient qu'un moyen infaillible pour s'assurer si la graine vient directement de Riga, c'est de prendre une tonne, de la transvaser, de la remettre ensuite dans le tonneau ; si elle arrive directement de Russie, la tonne ne pourra plus contenir toute la graine; si, au contraire, elle a été transvasée, alors la tonne pourra tout recevoir. D'autres prétendent encore que la graine de Russie est plus ronde, qu'elle a un crochet plus prononcé et que sa couleur est plus verte, plus terne. Enfin, pour nous résumer, nous dirons que c'est une affaire de confiance; que le mieux est de s'adresser à un bon négociant qui a acquis de l'expérience et qui s'est fait une bonne réputation dans la partie.

La nécessité de se procurer une bonne graine, afin de maintenir et d'améliorer cette culture, étant absolument nécessaire, et la supériorité de celle de Riga étant démontrée par mille expériences, les cultivateurs de l'arrondissement achètent cette graine chez les négociants de Lille ou des environs, qui la font venir de Russie dans des tonnes enrobées de toiles. C'est pour cette raison qu'on la nomme graine de tonne. Quand l'importation de cette graine n'éprouve aucune difficulté, les prix varient de 50 à 75 francs (60 fr. en moyenne), suivant que la récolte a plus ou moins réussi. La tonne contient 125 litres environ, mais, quand on en a extrait toutes les graines étrangères qui s'y trouvent mélangées en assez grande quantité, quand elle est bien nette et près d'être semée, il n'en reste plus qu'environ

115 litres ; et on la sème à raison de 275 litres à l'hectare. La graine qui provient de celle-ci est alors appelée graine après-tonne, elle est aussi généralement employée pour semence, car si la graine de Riga donne un lin plus long, moins sujet aux maladies, résistant mieux à la verse, la filasse est souvent plus rude, tandis que la graine de seconde année, donne généralement une filasse plus souple, plus soyeuse et plus fine. La graine qui provient de cette secondeannée, est employée dans les huileries, car ce serait une économie bien mal entendue que de semer une graine déjà dégénérée sous le prétexte qu'il existe une trop grande différence dans les prix. Il arrive certaines années que la graine après-tonne est commune, que les prix sont très-modérés. Alors, il est de l'intérêt du cultivateur d'en mettre en réserve pour l'année suivante. Sa conservation est très-facile ; il suffit de mélanger avec de la courte paille de blé bien nettoyée. Cette précaution est nécessaire pour la soustraire à l'air extérieur et à l'humidité. Alors, on la place dans un coin du grenier ou dans des tonneaux jusqu'au moment de la floraison des lins en terre. A cette époque de l'année, on vanne la graine pour en extraire toute la poussière, et on renouvelle la paille. Après cette opération, on replace la graine dans les mêmes conditions qu'auparavant jusqu'au printemps suivant, moment de s'en servir. Avec ces quelques précautions , on peut la conserver plusieurs années. Cette graine , ainsi reposée , n'en vaut que mieux , et quand elle a été bien conservée, elle est même plus estimée , comme donnant des produits supérieurs à ceux qu'on retire de la graine employée immédiatement.

Cependant il est toujours prudent de s'assurer si elle a conservé toutes ses facultés germinatives ; pour cela, il suffit de prendre un morceau de vieille toile , qu'on place sur un pot-à-fleur ou sur une petite caisse remplie de terre, on sème sur cette toile une petite quantité de graine , on replie l'autre moitié du morceau de manière que la graine se trouve entre deux toiles que l'on recouvre d'un peu de terre ; on place alors la caisse ou le pot dans un appartement chauffé ; quelques jours après, vous dépliez la toile, et alors vous pouvez distinguer, jusqu'au dernier, les bons et les mauvais grains. Cette expérience, aussi simple que sûre, peut être faite pour toute espèce de graine.

De l'ensemencement.

Dans l'arrondissement de Lille, on sème le lin aussitôt que la terre se trouve en état d'être préparée convenablement pour cette opération, c'est-à-dire, depuis le commencement de mars jusqu'au mois de mai, suivant que le temps a été plus ou moins favorable, et que la terre a été plus ou moins bien disposée par les derniers labours. La nature et la situation du terrain peuvent aussi contribuer à avancer ou à retarder ce travail ; mais on sème toujours le plus tôt possible, car, plus le lin est âgé, plus on lui attribue de qualités. Ainsi, quand la terre est essuyée convenablement, que l'on suppose que le beau temps se maintiendra pendant quelques jours, on herse énergiquement, d'abord en long, ensuite en travers. On laisse la terre dans cette position jusqu'au moment où elle se trouve assez sèche pour pouvoir recevoir le rouleau. Après le passage du rouleau, on dispose la terre à recevoir la semence au moyen d'une herse à drues-dents, appelée aussi herse linière ; on sème, on recouvre la graine par un ou deux hersages très-légers. Le lendemain ou le surlendemain, aussitôt que la terre est assez blanche pour recevoir le rouleau sans le charger, on la renferme. C'est ce qui termine cette importante opération.

Depuis la semaille jusqu'aux sarclages, le cultivateur n'a plus à s'occuper que de la destruction des taupes qui causent un véritable dommage à cette culture. Leur grande voracité et le pressant besoin de manger souvent, font qu'elles travaillent sans cesse à fouiller la terre pour chercher leur nourriture. Les nombreuses galeries qu'elles pratiquent presque au niveau du sol,

soulèvent la plante, mettent la racine à découvert, et quand on
n'a pas soin de les tasser immédiatement, la plante meurt aux
premiers rayons du soleil. On détruit les taupes au moyen de
piéges disposés de diverses manières, mais quand la partie de lin
est assez importante, le meilleur moyen est de sacrifier quelques heures par jour à leur recherche.

Du sarclage.

Le sarclage est d'une nécessité absolue. Il est impossible d'obtenir la quantité et la qualité sans, au préalable, avoir extrait de
cette culture toutes les mauvaises herbes. Ce travail commence
quand le lin a de quatre à cinq centimètres de hauteur. On
sarcle le plus souvent deux fois, la seconde opération commence
aussitôt qu'on a fini la première. Il arrive même encore que
l'on repasse une troisième fois ; mais alors, comme le lin a
atteint une assez grande hauteur, les sarcleuses ne se traînent
plus sur les genoux, elles marchent, à l'instar des patineurs, en
traînant les pieds de manière à coucher le lin du même côté.
Ce travail coûte en moyenne quarante francs par hectare.

Des maladies.

CAUSES QUI PEUVENT LES DÉTERMINER. — PRÉCAUTIONS
À PRENDRE.

Comme tous les autres végétaux, le lin est sujet aux maladies.
Pour le soustraire le plus possible à leurs funestes effets, il faut
étudier et appliquer les meilleurs moyens préservatifs. Ces
moyens, selon nous, sont particulièrement ceux indiqués dans le
cours de cette appréciation : choisir une bonne graine, et la
placer dans les conditions les plus favorables à la germination
et à son accroissement. Je ne prétends pas dire qu'ayant rempli
rigoureusement toutes les conditions que nous venons d'énu-

mérer, le lin soit devenu invulnérable, et qu'aucune espèce de maladie ne puisse l'atteindre, cela n'est pas possible, c'est un problème insoluble. Mais il est certain que l'on peut espérer d'en éviter quelques-unes en prenant les précautions suivantes : respecter l'assolement, ne faire reparaître cette culture sur la même terre qu'à des intervalles assez éloignés; ne rien négliger pour donner au sol les meilleures façons; éviter le piétinement quand la terre est encore trop humide pour pouvoir supporter sans danger les chevaux et les intruments aratoires ; prendre toutes les précautions possibles pour que l'eau ne séjourne jamais à la surface de la terre. Cette dernière précaution ne doit pas seulement avoir lieu au dernier moment, mais toujours, car rien n'est plus funeste à cette culture qu'une terre morte, froide, compacte. Nous pensons donc que la négligence de ces dispositions peut amener des résultats funestes, et nous pensons même que la terrible maladie que nous appelons vulgairement *Froid-Feu*, est provoquée par ce manque de prévoyance qui en est le principe. Enfin, quand la graine est placée dans les conditions convenables au but proposé, cette plante supporte plus facilement les avaries auxquelles elle pourrait être exposée. En voici un exemple qui mérite d'être cité.

En 1851, une pièce de terre contenant un hectare avait été ensemencée en lin, dans les premiers jours d'avril. La levée avait bien réussi, et le lin végétait parfaitement, quand, par suite de grandes pluies, les becques qui avoisinent ce champ débordèrent, et couvrirent entièrement cette pièce de terre d'une couche d'eau de 30 centimètres environ, (ce lin est resté entièrement sous l'eau pendant 48 heures, du 6 au 8 mai.) Je vous avoue que j'étais très-inquiet sur le sort de ma récolte ; mais cette circonstance, si fâcheuse en apparence, n'a pas empêché que ce lin ne devînt l'un des plus beaux de la contrée. La preuve, c'est que le 20 janvier 1853, je vendais à M. Duflo, de Wervick, la filasse de ce même lin pour être exportée en Angleterre, à raison de 4 francs la botte. (La botte pèse un kilog. 440 grammes.)

De la récolte.

Comme notre but, en cultivant le lin est d'obtenir une filasse de premier choix, nous n'attendons pas pour le récolter que la tige ait atteint une maturité complète. En cueillant plus tôt, on sacrifie, à la vérité, un peu à la qualité et à la quantité de la graine; mais en revanche on obtient une filasse plus douce, plus moëlleuse et plus fine, qualités très-recherchées par les filateurs et qui compensent largement la perte essuyée du côté de la graine. Il serait impossible d'indiquer ici d'une manière précise le moment le plus convenable pour effectuer l'arrachage du lin ; cela dépend de l'apparence que prend la maturité, du temps plus ou moins propice et de la situation du lin, qui peut être plus ou moins versé.

Quand le lin est arraché et déposé sur la terre par poignées, si le temps est beau, on doit en profiter pour le mettre de suite en chaîne. Pour commencer ce travail, un homme enfonce en terre une bêche, et contre le manche l'ouvrier appuie les premières poignées, graine contre graine ; il continue cette espèce de haie, en ajoutant de nouvelles poignées qui lui sont avancées par deux enfants de douze à quinze ans, contre celles déjà en place jusqu'à ce que cette moitié de chaîne soit terminée. Il prend alors quelques tiges de chaque côté et les lie ensemble pour fixer les dernières poignées ; après quoi il retourne à son point de départ, enlève la bêche et termine l'autre moitié de la même manière. On confectionne ces chaînes partout de la même façon, mais de différentes longueurs, suivant les habitudes des localités; ainsi, au Nord de Lille, elles contiennent rarement plus d'une cinquantaine de poignées sur une étendue de 3 mètres environ.

Autant que possible, ce travail doit être effectué lorsque le lin est bien sec. L'ouvrier doit aussi avoir soin de ne pas trop serrer les poignées les unes contre les autres, afin d'éviter la fermentation et d'accélérer la dessiccation. Le lin reste dans cet état jusqu'au moment où il puisse être lié sans danger. Le moment propice pour le mettre en gerbes étant arrivé, l'ouvrier prend sept ou huit poignées, suivant leur grosseur, car il existe une différence notable entre celles cueillies par des hommes et celles cueillies par des femmes. Après les avoir bien secouées, afin de débarrasser la tige de ses feuilles et la racine de la poussière, il les place sur un lien fait avec de la paille de blé ou d'avoine. Ces gerbes liées ont environ 90 centimètres de tour. En ce moment, le lin est sauvé, car on le met immédiatement en monts, et, quoique ces monts soient d'une grande simplicité, le lin est assez renfermé pour pouvoir sans danger essuyer les intempéries. Voici du reste comment on procède à leur confection : On plante d'abord deux fortes perches de front, à un pied de distance ; on répète la même chose à l'autre extrémité, et si la partie de lin est assez forte pour que ce mont prenne une grande étendue, on plante encore une perche sur la même ligne, de distance en distance, afin de consolider le bâtis. Alors, on place sur le sol de grosses bûches de bois pour servir d'appuis à une espèce de gittage construit avec quelques fortes perches de sapin ou autres, et sur lesquelles sont tassées sur leurs côtés les gerbes de la première rangée. De cette manière le lin se trouve à une certaine distance du sol, et par conséquent garanti contre l'humidité. D'autres placent contre les premières perches trois gerbes de front et debout, et continuent ainsi en suivant la ligne indiquée par les perches jusqu'à l'autre extrémité, ayant soin de tasser les gerbes le plus fortement possible les unes contre les autres. Sur ces trois lignes de gerbes debout qui servent de pied, on en place d'abord cinq autres rangées en travers, de manière que la première couvre entièrement la tête des gerbes déjà placées ; on continue ainsi jusqu'à la cinquième, en ayant soin de ne pas mettre deux gerbes dans le même sens, c'est-à-dire graine contre graine, pour éviter la réunion des capsules qui s'entremêlent facilement. Sur la cinquième rangée , on place une ligne de gerbes en long , sur laquelle on appuie la sixième et dernière rangée, de manière que celle-ci se trouve inclinée en forme de toit. On doit alors y placer des paillassons qu'on aura soin d'attacher en cas de vent. Il reste encore à prendre une précaution essentielle et qu'on néglige quelquefois, c'est de placer de chaque côté du mont de lin que l'on vient de construire, une grande quantité d'appuyelles, afin qu'il puisse résister aux vents les plus violents.

Le lin étant ainsi rangé, on peut attendre avec sécurité que la dessiccation soit complète, et choisir le moment le plus favorable pour le renfermer définitivement dans la grange.

Quelques cultivateurs vendent leurs lins avec la graine; dans ce cas, ils sont livrés immédiatement en sortant du champ. D'autres vendent à livrer aussitôt le battage de la graine terminé ; mais la plus grande partie des lins sont vendus pour être livrés vers la Saint-Jean de l'année suivante. Dans ce dernier cas, on le maillotte, pour en recueillir la graine, dans le courant de février ou mars ; après quoi on le tasse de nouveau jusqu'au moment de la livraison.

Avant de terminer la partie agricole de ce petit travail, permettez-moi, Messieurs, de vous entretenir un instant de la culture du lin à fleurs blanches.

Cette variété est encore très-peu connue dans notre arrondissement. Quelques cultivateurs seulement en ont tenté la culture. Cependant, depuis plusieurs années, le monde agricole s'est beaucoup occupé de cette question. C'est ce qui m'a décidé à faire quelques expériences comparatives ; je pense ne pouvoir faire mieux que de vous en soumettre ici les résultats.

En 1853, une pièce de terre de deux hectares, ayant porté blé, l'année précédente, et qui se trouvait, dans toute son étendue, dans les mêmes conditions de culture, a été soumise à une expérience comparative entre le lin commun à fleurs bleues et celui à fleurs blanches.

La semaille a eu lieu au commencement d'avril; 250 litres ont été semés à l'hectare, le lin à fleurs bleues provenait de graine après tonne que j'avais récoltée moi-même, et celui à fleurs blanches, de graine provenant des cultures de notre estimable collègue, M. Leroy-Dubois, maire d'Illies. La levée réussit généralement et la végétation fut magnifique, mais vers la mi-juin, alors que les premières fleurs commencèrent à paraître, j'ai remarqué quelques tiges attaquées par une maladie qui avait beaucoup d'analogie avec celle que nous appelons vulgairement *froid-feu*, mais qui, je pense, n'était rien autre chose que celle dont notre digne secrétaire-général, M. Loiset, a entretenu le Comice dans les séances du 22 juin 1854, et 4 juillet 1855. (1). Cette maladie a étendu ses ravages sur toute la partie ensemencée en fleurs bleues, et comme, depuis le commencement de la floraison jusqu'à la maturité, elle n'a cessé, chaque jour, de s'étendre davantage, il en est résulté une perte que j'estime à 10 p. %, tandis que le lin à fleurs blanches a été presqu'entièrement préservé.

En 1854, j'ai répété la même expérience, mais sur une plus petite échelle. La maladie a reparu, et avec beaucoup plus d'intensité, et si cette fois le lin à fleurs blanches n'a pas été entièrement préservé, du moins la perte a été minime en comparaison de celle éprouvée dans l'autre partie.

Enfin, pour la récolte de 1855, j'ai semé, au milieu d'une pièce de trois hectares qui se trouvait absolument aussi dans les mêmes conditions de culture, 60 ares de lin à fleurs blanches; le reste du champ a été ensemencé de lin à fleurs bleues. Cette fois, à mon grand étonnement, la maladie a attaqué le lin à fleurs blanches avec plus de force que celui à fleurs bleues. Je ne puis cependant faire connaître le résultat de cette dernière expérience, attendu que ces lins ne sont pas rouis ni

(1) Voyez *Archives de l'Agriculture du Nord de la France*, publiées par le Comice agricole de Lille. Tome II, N° 5, page 201 et Tome III, N° 5, page 298.

teillés ; mais j'ai tout lieu de penser que l'avantage restera au lin du pays.

Quant aux deux expériences précédentes , il en est résulté une différence en graine, de 240 litres à l'hectare en faveur de la fleur blanche ; la différence en filasse a été insignifiante. Quant à la qualité, j'ai trouvé, contrairement à l'opinion de plusieurs cultivateurs , que la filasse de la fleur blanche était un peu plus fine. Celle provenant du lin que nous cultivons habituellement dans le pays , a un quart plus de longueur ; ce qui compense largement cette différence.

Les résultats de ces quelques expériences ne sont pas assez concluants pour pouvoir se former une opinion sur les avantages ou les inconvénients de cette nouvelle variété , encore si peu connue. Nous laissons aux amis des progrès agricoles le soin de résoudre la question en continuant les expériences comparatives que nous avons commencées ; de cette manière, on saura, dans quelques années, si réellement la culture du lin à fleurs blanches peut offrir quelques avantages sur celle du lin cultivé depuis un temps immémorial dans notre pays.

Nous venons de parcourir la partie qui concerne le plus spécialement la culture du lin , il ne serait peut-être pas sans intérêt de jeter un coup-d'œil sur la question la plus importante, mais aussi la plus difficile à résoudre : Celle de savoir quels sont les avantages et les bénéfices que peut retirer l'agriculture en se livrant à la culture de cette plante industrielle. Excepté le tabac , aucune culture n'exige autant de travail, autant de soin , autant de prévoyance que celle du lin.

Tout ou rien : Voilà en deux mots les résultats de cette culture ; ce produit exige une terre parfaitement bien préparée , convenablement fumée et bien purgée de toute impureté ; aussi il est reconnu qu'elle améliore le sol ; de plus, elle laisse une terre libre pour l'époque la plus favorable à la semaille des navets, des plants de colza, etc.; enfin, soit que l'on profite de cette circonstance pour obtenir une récolte dérobée, soit qu'on la néglige, la terre reste toujours bien disposée à recevoir une bonne récolte de froment. Cependant si , après une récolte de lin, la terre se trouve dans un bon état de rapport, le cultivateur a, pour ainsi dire, payé d'avance cet avantage , car cette culture exige une forte avance de fonds qui n'est pas toujours compensée par le produit de la récolte, et chacun sait que de toutes les cultures , c'est la plus précaire , la plus exposée ; que le cultivateur ne peut raisonnablement compter qu'une récolte supérieure sur trois , comme il doit aussi faire le sacrifice d'une récolte sur huit, où le rendement est entièrement nul. Il est vrai que le cultivateur ne doit pas considérer seulement le produit même de cette culture , mais encore l'influence qu'elle exerce sur celles suivantes.

Enfin, pour que cette culture se maintienne et prospère, elle a besoin d'être protégée par le gouvernement contre la production étrangère qui ruine et décourage le producteur français.

Il ne nous reste maintenant qu'à vous donner un aperçu des frais qu'occasionne la culture d'un hectare de lin dans l'arrondissement de Lille.

Le lin exige un grand volume d'air, celui qui croît à l'ombre est toujours d'une qualité tout à fait inférieure. Il est donc nécessaire d'éviter avec grand soin le voisinage d'arbres montants, et de choisir, comme pour le tabac, les champs les mieux exposés ; c'est pour cette raison que nous augmentons un peu le chiffre de la location, comme nous l'avons fait dans notre travail sur la culture du tabac.

Les terres de l'arrondissement de Lille sont louées en moyenne 115 fr. l'hectare, y compris les terrains non productifs, tels que chemins, fossés, etc., etc., qui n'occasionnent que des dépenses pour leur entretien. Le locataire doit en outre acquitter les frais de bail, pots-de-vin, charges, contributions. Il est donc juste de porter le prix de location d'un hectare, en pleine terre, et propre à la culture du lin, à . . . . 150 fr.

A REPORTER . . . 150

REPORT. . . . . , 150 »

Engrais : 2,200 kil. de tourteaux d'œillette, à
16 francs les 100 kilog. Prix moyen des cinq dernières années. . . . . 332 »

   Labour, hersage, rondelage, charrois, etc., etc. (1). 120 »

   Graine de Riga. 2 tonnes $^1/_3$ à 60 francs (prix
moyen). . . . . 140 »

   Sarclage . . . . 40 »

   Récolte, livraison, paille, etc., etc. . . . . 80 »

   Intérêts du capital avancé, assurance contre la
grêle. . . . . 55 »

          Total général (2). . . . 917 fr.

Ainsi, quand le cultivateur a vendu sa récolte de lin, compris
la graine, 917 francs l'hectare, il n'a encore pour lui aucun
bénéfice, si ce n'est celui d'un bon assolement.

Messieurs, avant de vous soumettre dans une autre séance la
seconde partie de ce travail, la préparation agricole du lin ;
question très-importante au point de vue des intérêts de l'agriculture, vous voudrez bien examiner s'il n'y a pas lieu d'opérer
quelques changements dans celui-ci ; car je ne puis assez vous
le répéter, je n'ai pas eu la prétention de vous enseigner des
choses que vous connaissez aussi bien que moi ; cependant si
vous couvrez ces lignes de votre adoption, elles pourraient avoir
leur utilité, en ce sens que des renseignements peuvent être
demandés au Comice par d'autres sociétés d'agriculture sur la
manière de cultiver le lin dans notre arrondissement. Dans ce
cas, le présent travail, comme tout autre du même genre,
pourrait être utilement consulté.

(1) Nous avons fait une appréciation de ces sortes de dépenses dans notre
travail sur la culture du tabac ; comme nous n'avons pas envisagé la chose
de la même manière que la plupart des personnes qui ont écrit sur cette matière, nous renvoyons le lecteur aux *Archives de l'Agriculture du Nord de la
France,* publiées par le Comice agricole de Lille. Voyez tome II, page 138.

(2) Cette année, la graine de Riga s'est vendue 75 fr. la tonne ; les tourteaux
19 fr. les 100 kilog, compris les frais accessoires ; ainsi les frais généraux occa-
sionnés par cette culture en 1856, ont été de 1038 fr. au lieu de 917 fr.
moyenne des cinq dernières années.

CONFÉRENCES

SUR

les vices rédhibitoires dans la vente et l'échange des animaux domestiques.

par M. CHARLES.

Avant la promulgation de la loi du 20 mai 1838, la jurisprudence commerciale concernant les ventes et échanges d'animaux domestiques, était régie principalement, comme elle l'est encore aujourd'hui en partie par les articles suivants du code civil:

1° art. 1625. *La garantie que le vendeur doit à l'acquéreur a deux objets: le premier, la possession paisible de la chose vendue, le second, les défauts cachés de cette chose ou les vices rédhibitoires:*

2° par l'art. 1641 ainsi conçu: *Le vendeur est tenu de la garantie à raison des défauts cachés de la chose vendue qui la rendent impropre à l'usage auquel on la destine ou qui diminuent tellement cet usage, que l'acheteur ne l'aurait pas acquise ou n'en aurait donné qu'un moindre prix s'il les avait connus:*

Et 3° par l'art. 1648, à savoir que: *l'action résultant des vices rédhibitoires doit être intentée par l'acquéreur dans un bref délai, suivant la nature des vices rédhibitoires, et l'usage du lieu où la vente a été faite.*

D'après l'exposé des motifs de la loi du 20 mai présenté par M. le Ministre du commerce, le code ne spécifiant alors ni les défauts cachés, ni les délais dans lesquels l'action rédhibitoire devait être intentée, les tribunaux civils et les tribunaux de commerce étaient divisés sur leur application.

Les uns décidaient que l'article 1641 devait être exécuté dans sa généralité, nonobstant la nature des vices, la différence des délais, et la diversité des usages locaux; les autres jugeaient, au contraire, que le principe général de l'art. 1641 était modifié par les dispositions plus restrictives de l'art. 1648.

Un autre inconvénient, (toujours d'après l'exposé des motifs) c'est que parmi les vices, il en était qui, dans certaines localités, étaient considérés comme rédhibitoires, et qui dans d'autres n'entraînaient aucun recours. En outre, la durée de la garantie n'était pas moins variable que la nature des vices, elle se modifiait suivant les départements, quelquefois aussi suivant les communes limitrophes.

C'est pour remédier aux abus qui résultaient de cet état de choses, que le gouvernement a présenté un projet de loi ayant pour objet d'établir une législation uniforme sur la matière, d'énumérer les vices cachés à l'égard desquels l'acheteur doit être garanti par le vendeur, et de fixer les délais dans lesquels ce dernier peut exercer son action, en les proportionnant à la nature des vices.

Le but que se proposait M. le Ministre dans le projet de loi qu'il présentait, a-t-il été réellement atteint ? Nous ferons remarquer seulement qu'avant la promulgation de la loi du 20 mai 1838, en cas de contestation entre acheteur et vendeur, les experts devaient déclarer, d'après un examen consciencieux, si la chose vendue, à raison de ses défauts cachés, était impropre à l'usage auquel on la destinait, ou si l'acheteur l'aurait acquise, ou n'en aurait donné qu'un moindre prix s'il les avait connus. C'était, on le voit, une mission toute d'équité.

Aujourd'hui que la loi précitée a placé parmi les vices rédhibitoires par exemple, 1° l'épilepsie ou mal caduc, maladie excessivement rare et surtout très-difficile à saisir par suite de l'irrégularité de ses attaques et des intervalles plus ou moins longs qui les séparent ;

2° Les maladies anciennes de poitrine ou vieilles courbatures, mot vague ;

3° La pousse, signe particulier du flanc qui se trouve ordinairement lié à plusieurs maladies graves et réputées incurables, etc., etc. ; la loi du 20 mai 1838 a-t-elle arrêté ou seulement diminué les contestations, ou plutôt, a-t-elle tracé des règles tellement précises aux experts, qu'ils puissent prononcer avec certitude en faveur de l'existence ou de la non existence du vice rédhibitoire ? Nous ne le croyons pas, et si on récapitulait toutes les expertises contradictoires qui ont été faites, eu égard au dernier point surtout, *la pousse*, on arriverait sans doute à se montrer fort peu prodigue d'éloges envers les auteurs de cette loi.

Quoiqu'il en soit elle peut être étudiée au point de vue du droit, au point de vue du devoir des experts, et à celui des connaissances indispensables que doivent posséder les acheteurs et les vendeurs d'animaux domestiques pour sauvegarder leurs intérêts ; c'est sous ce dernier point que nous allons l'examiner.

LOI

Concernant les vices rédhibitoires dans les ventes et échanges d'animaux domestiques.

Art. 1er. « Sont réputés vices rédhibitoires, et donneront seuls ouverture à l'action résultant de l'art. 1641 du code civil, dans les ventes ou échanges des animaux domestiques ci-dessous dénommés, sans distinction des localités où les ventes et échanges auront lieu, les maladies ou défauts ci-après, savoir :

POUR LE CHEVAL, L'ANE OU LE MULET.

La fluxion périodique des yeux.

L'épilepsie ou le mal caduc.

La morve.

Le farcin.

Les maladies anciennes de poitrine ou vieilles courbatures.

L'immobilité.

La pousse.

Le cornage chronique.

Le tic sans usure des dents.

Les hernies inguinales intermittentes.

La boiterie intermittente pour cause de vieux mal.

POUR L'ESPÈCE BOVINE.

La phthisie pulmonaire ou pommelière.

L'épilepsie ou mal caduc.

Les suites de la non délivrance

Le renversement du vagin ou de l'utérus

{ après le part chez le vendeur.

POUR L'ESPÈCE OVINE.

« *La clavelée*. Cette maladie, reconnue chez un seul animal, entraînera la rédhibition de tout le troupeau ; la rédhibition n'aura lieu que si le troupeau porte la marque du vendeur. »

« *Le sang de rate*. Cette maladie n'entraînera la rédhibition du troupeau qu'autant que dans le délai de la garantie, la perte constatée s'élèvera au quinzième au moins des animaux achetés.

« Dans ce dernier cas, la rédhibition n'aura lieu également que si le troupeau porte la marque du vendeur. »

Par ces mots : Sont réputés vices rédhibitoires et donneront seuls ouverture à l'action résultant de l'art. 1641 du code civil, etc., les maladies ou défauts ci-après, etc., il faut entendre que les maladies ou défauts énoncés plus haut, sont seuls regardés comme vices rédhibitoires par la loi, et qu'à moins de vente conventionnelle, tout acheteur qui demanderait la rédhibition de la vente pour d'autres maladies, par exemple : *La fourbure, l'entérite chronique,* etc., ne serait nullement reçu dans sa demande, devrait payer tous les frais qui auraient été faits et garder l'animal.

Par suite du manque de connaissances spéciales, il arrive fréquemment que les vendeurs ignorent l'existence des vices rédhibitoires sur leurs animaux, et sont attaqués en demande de résiliation de vente ; nous allons chercher à faire connaître en quelques mots les principaux symptômes qui caractérisent chacun de ces vices, afin qu'ils puissent éviter, par la suite, qu'il leur soit intenté d'action en rédhibition.

La fluxion périodique des yeux ressemble souvent à une simple ophthalmie, elle s'en distingue parce qu'elle a trois périodes assez bien marquées.

Dans la première, il y a larmoiement, rougeur de la conjonctive, tuméfaction des paupières, sensibilité et chaleur de l'œil qui reste presque constamment demi-fermé : *Trouble des humeurs*.

Dans la deuxième période, l'inflammation paraît diminuer un peu d'intensité, l'humeur se condense sous forme de nuages ou *flocons blanchâtres* qui flottent dans les chambres de l'œil, ou se déposent à la manière d'un précipité ce qui donne au fond de l'œil une couleur de feuille-morte.

A la troisième période, après une légère réaction inflammatoire, les flocons ou le dépôt se dissipent, ils sont absorbés et l'œil revient à la transparence sans reprendre cependant complètement son état naturel, car il y a resserrement de la pupille, la paupière supérieure est abaissée, et il en résulte que l'œil non malade, ce qui arrive souvent (la maladie n'attaquant les deux yeux à la fois que rarement, au début surtout), semble plus grand que l'autre.

Un temps plus ou moins long s'écoule : trente ou quarante jours, trois, quatre, cinq mois et plus se passent, puis survient un deuxième accès, un troisième et un quatrième de plus en plus rapprochés, dont les traces sont toujours plus profondes, enfin un dernier accès abolit la fonction de l'organe par différentes lésions. La plus commune est l'opacité du cristallin (cataracte), qui commence par un point blanc plus ou moins étendu ; quelquefois il suffit d'un seul accès continu pour produire la cécité.

L'œil de l'animal présente après plusieurs accès des traces matérielles, évidentes pour tous, de l'existence de la fluxion périodique ; ce sont des points blancs plus ou moins étendus, vulgairement appelés dragons, qui se montrent sur le cristallin, en un mot, un commencement de cataracte, et la teinte feuille-morte que reflète toujours le fond de l'œil. Mais au début, il faut souvent attendre un nouvel accès pour constater l'existence du vice rédhibitoire et on a vu fréquemment la maladie cesser par suite du changement de climat ou des conditions hygié- niques, dans lesquelles se trouvait d'abord l'animal.

L'épilepsie ou le mal caduc. C'est une maladie cérébrale qui se manifeste par accès plus ou moins rapprochés, dans lesquels il y a abolition complète des fonctions des sens et de l'entendement, et mouvements convulsifs.

Les symptômes sont à peu près les mêmes sur tous les ani- maux. L'animal épileptique tombe quelquefois comme frappé de la foudre, l'œil est fixe et piroaettant dans l'orbite, la bouche se remplit de bave écumeuse, la poitrine est oppressée, tout le corps et les membres sont roides ou agités de mouvements convulsifs.

L'accès passé, l'animal se relève dans un état d'abattement général et comme d'imbécillité, mais il ne tarde pas à reprendre toutes ses facultés. Tous les animaux épileptiques ne tombent pas, il en est qui éprouvent l'accès étant appuyés contre un mur ou soutenus dans les brancards d'une voiture. De nouveaux accès surviennent à des époques irrégulières, et d'autant plus rappro- chées que la maladie est plus ancienne et plus violente.

La morve. Les animaux exposés en vente et qui en sont atteints, peuvent paraître jouir d'une bonne santé et être en assez bon état d'embonpoint.

Cette maladie présente trois caractères distinctifs : 1º Rougeur pâle de la membrane du nez (pituitaire), avec écoulement par les deux narines, souvent d'un seul côté, de mucosités plus ou moins abondantes, blanches, jaunes ou verdâtres ; 2º engorge- ment des glandes situées dans l'auge (ganache) correspondant au côté par lequel l'animal jette ; 3º enfin, ulcération chancreuse de la cloison qui sépare les cavités nasales d'un seul ou des deux côtés. Dans la morve aigue, les symptômes sont aggravés.

Les trois signes rapportés plus haut ne sont pas toujours réunis et indispensables pour constituer l'état de morve. Dans la morve chronique, il y a très-fréquemment flux et engorgement, et absence d'ulcération ; dans la morve aigue, flux et ulcération, et quelquefois absence d'engorgement.

Le farcin. L'animal farcineux paraît dans beaucoup de cas, et quelquefois fort longtemps, en assez bonne santé, il peut même être en embonpoint.

Cette maladie apparaît sous la forme de tumeurs ou boutons durs plus ou moins profonds et adhérents, tantôt isolés, tantôt groupés de différentes manières, en masse, en corde, en chapelet, etc., etc.

Ces boutons restent un temps plus ou moins long dans cet état, disparaissent quelquefois pour se montrer de nouveau, passent à l'état de suppuration et forment des ulcères rebelles, profonds, à bords ordinairement épais et durs. (1)

Les maladies anciennes de poitrine ou vieilles courbatures. Sous ce titre vague, on a réuni toutes les maladies anciennes de la poitrine, qui rendent les animaux de peu de valeur. Telles sont la phthisie pulmonaire, les vieilles inflammations de la plèvre ou du poumon, produisant à leur tour les hydropisies de poitrine, la suppuration des poumons ou leur transformation en une substance dure qui empêche l'air de pénétrer dans leur tissu.

Le cheval qui en est affecté, a presque les apparences de la santé, et l'acheteur peut y être trompé, mais il s'aperçoit bientôt que l'animal tousse ou respire difficilement, qu'il sue et se fatigue au moindre exercice, en un mot qu'il est de mauvais service.

C'est un des cas des plus embarrassants pour l'expert. En

---

(1) A propos de la morve et du farcin, maladies classées par la loi au nombre des vices rédhibitoires, nous croyons devoir faire remarquer que bien d'autres maladies contagieuses ne sont pas soumises à son application.

effet, la maladie est-elle ancienne, est-elle récente ? les maladies anciennes de la plèvre et du poumon sont assez difficiles
à caractériser, à distinguer des autres. Quand l'animal est
essoufflé après quelques instants d'un exercice très-léger,
quand il y a une toux sèche, quinteuse, léger jetage par les
naseaux ; quand ceux-ci sont dilatés et lors même que toutes les
autres fonctions s'exécutent bien, il y a probabilité d'une
affection ancienne du poumon ou de la plèvre ; car si la maladie
était récente ou aigue, ces symptômes seraient accompagnés de
fièvre.

Mais le plus souvent, les maladies anciennes des plèvres ou
des poumons se montrent par des redoublements maladifs, qui
ont tellement les caractères de maladies aiguës récentes, qu'il
est quelquefois impossible de les reconnaître sous les caractères
d'acuité qui se manifestent.

L'expert est donc fort embarrassé, mais comme il peut remettre sa décision après quelques jours d'examen, si l'animal
guérit sans qu'il ait pu reconnaître de symptômes d'ancienneté,
il est alors probable que l'affection était récente ; si au contraire, l'animal va de pis en pis et meurt après un temps très-
court, il lui sera assez facile de juger par la nature des lésions,
si elles sont anciennes ou récentes. Cependant si ce terme se
prolonge, l'embarras va croissant ; car après un mois, la maladie
passe de la classe des affections aigues dans celle à type
chronique.

Mais le cheval atteint de phthisie, par exemple, traîne souvent sa vie des mois et des années entières ; que fera l'expert
alors ? et les tribunaux se baseront-ils sur la présomption légale
pour prononcer ?

Cette incertitude et le silence de la loi sont une source de
procès.

L'immobilité. Le cheval est atteint de ce vice quand il est
stupide, c'est-à-dire lourd, inattentif à la voix du conducteur,
comme absorbé par une sensation interne, ce qui fait dire aux

marchands qu'il est imbécile ; son regard est fixe, ses oreilles droites et sans mouvements. A l'écurie, quand il ne mange pas, il est somnolent, il tient la tête basse, appuyée sur la longe ou sur la mangeoire. S'il mange, après quelques coups de dents, il s'arrête, laisse tomber les aliments ou les mâche lentement, souvent il en conserve dans la bouche, du foin surtout, qui dépassent la commissure des lèvres : les marchands disent alors que l'animal fume la pipe.

Tous les mouvements du cheval immobile s'exécutent avec difficulté, l'action de reculer est surtout pénible ; au lieu de porter ses extrémités antérieures en arrière, il les traîne sur le sol en labourant la terre, il s'accule sur les jarrets ou se jette de côté, et si on l'exerce outre mesure, il se défend, se renverse ou s'emporte.

Enfin, quand la maladie est portée à un haut degré, l'animal garde plus ou moins longtemps la position qu'on lui fait prendre, c'est-à-dire une extrémité antérieure étant portée en avant, de côté ou croisée sur l'autre. Il arrive quelquefois qu'à la suite du vertige, l'immobilité se développe, et cette immobilité à son tour peut être suivie du vertige lors des manœuvres auxquelles on soumet l'animal pour arriver à la constatation du vice. — (*Autre cas fort embarrassant pour l'expert*).

Pousse. On donne ce nom à un signe du flanc qui se trouve ordinairement lié à plusieurs maladies chroniques graves et réputées incurables.

Ce signe consiste en une altération du flanc, dont le mouvement est interrompu le plus souvent dans l'expiration, par une espèce de soubresaut, auquel on a donné le nom de contretemps ou coup de fouet. Ce mouvement brusque coupe l'un des mouvements de la respiration en deux temps inégaux ; le premier, court et brusque ; le deuxième, plus lent et plus prolongé. Pour bien saisir le mouvement du flanc, il faut varier les conditions d'examen, et voir l'animal au repos à jeûn, dans l'action de manger l'avoine ou de boire, et après l'exercice.

Le mouvement du flanc, qu'on a appelé jusqu'à présent du nom de pousse, est de tous les vices rédhibitoires, celui qui donne le plus souvent lieu à des contestations et à des expertises contradictoires.

Rien, en effet, n'est plus difficile à saisir pour l'expert que le signe de la pousse au premier degré. Rien n'est plus commun qu'un cheval ayant le flanc irrégulier à l'âge de 6, 7, 8 ou 9 ans, surtout quand il a fait un service au trot en traînant ; et dans le plus grand nombre de cas où les vétérinaires sont consultés sur la question de savoir si tel cheval nouvellement acheté est apte au service auquel on le destine et n'a pas de vices rédhibitoires, s'ils voulaient faire observer la loi du 20 mai 1838 dans toute sa rigueur, ils rendraient le commerce des chevaux pour ainsi dire impossible.

Le cornage chronique (Sifflage, halley) provient d'une gêne de la respiration.

C'est un bruit plus ou moins fort, contre nature, que l'animal fait entendre en respirant, soit lors de l'aspiration ou entrée de l'air dans la poitrine, soit lors de l'expiration.

Le cornage chronique est dû à plusieurs causes, dont la plus ordinaire est un vice de conformation, comme l'étroitesse naturelle des fosses nasales ou de la trachée artère, des polypes dans les cavités nasales, le gonflement des os de la face, le rétrécissement des bronches, etc.

Le tic sans usure des dents. On donne le nom de tics à des habitudes vicieuses que contractent les animaux ; la plus commune est celle dans laquelle l'animal appuie les dents incisives sur la mangeoire, la longe, le timon de la voiture, ou tout autre corps à sa portée. Dans cette action, l'animal a le cou tendu, fortement contracté, et fait entendre un bruit particulier (rot, éructation).

La répétition de cet acte ne tarde pas à user en biseau le

bord antérieur des dents incisives, et alors le cas n'est plus rédhibitoire.

Certains animaux ticquent en l'air, c'est-à-dire qu'ils ne prennent aucun appui sur les corps environnants, mais ils exécutent les mêmes contractions de l'encolure, et font entendre le même bruit (rot), qui paraît tenir à un mauvais état de l'estomac.

Rien ne peut faire soupçonner le tic en l'air, si l'on ne surprend l'animal au moment où il se livre à cette habitude.

Quelques chevaux au lieu d'appuyer seulement les dents contre les corps durs, les saisissent et les serrent fortement; alors, les dents au lieu d'être usées en glacis, présentent des surfaces irrégulières.

On a également vu des solipèdes contracter l'habitude de manger de la terre ou des corps sablonneux; cette dépravation du goût dénote l'existence d'une affection ancienne des voies digestives, et le tribunal de commerce d'Auxerre, par un jugement du 18 avril 1840, l'a considérée comme vice rédhibitoire.

Les hernies inguinales intermittentes. Dans certains chevaux, l'anneau inguinal reste assez large pour laisser sortir momentanément une anse de l'intestin, et donner lieu à des coliques qui se passent à mesure que l'intestin rentre dans la cavité abdominale; mais ces coliques ne se terminent pas toujours ainsi, car presque tous les chevaux qui se sont trouvés dans ce cas, ont fini leur existence par une hernie étranglée qui les a enlevés au moment où l'on s'y attendait le moins.

Heureusement pour les experts et pour les parties, les cas de hernie intermittente sont assez rares, car si la démonstration du principe paraît facile, l'application en est bien autrement difficile.

Les boiteries intermittentes pour cause de vieux mal. Il en est de plusieurs sortes, celle dite à chaud et celle dite à froid.

La première n'apparaît qu'après un exercice quelquefois assez prolongé.

La deuxième ne se montre au contraire qu'au moment où

l'animal sort de l'écurie, et elle disparaît après quelque temps d'exercice.

Les boiteries peuvent être dues à d'anciens efforts articulaires ou musculaires, des suros, des courbes, des formes, des vésigons, des molettes, des ganglions, enfin à un resserrement de sabot.

Vices rédhibitoires de l'espèce bovine.

La phthisie pulmonaire ou pommelière. Une question a été souvent agitée, savoir : Si par la définition énoncée plus haut, il fallait entendre une sorte particulière de phthisie pulmonaire caractérisée par des tubercules calcaires dans le poumon, ou bien si cette maladie répondait à celle désignée pour l'espèce chevaline sous le nom de vieilles courbatures. Mais comme il n'est pas facile de reconnaître la présence des tubercules calcaires dans les poumons pendant la vie de l'animal, il est probable que le législateur, sous ce nom de phthisie pulmonaire, a voulu indiquer un état fâcheux de dépérissement, dans lequel se trouve un animal qui a une maladie ancienne des organes pulmonaires, et que par là il faut entendre toutes les vieilles pleurésies, les vieilles pneumonies et les vieilles pleuropneumonies. Les principaux signes auxquels on peut la reconnaître sont la maigreur, la sécheresse et l'adhérence très-forte de la peau, un mucus grumeleux qui s'échappe des naseaux, une toux sèche et quinteuse. A Douai, et probablement sur d'autres points, la pleuropneumonie épizootique est assimilée à la pommelière.

L'épilepsie. Cette maladie présente, dans le bœuf, à peu près les mêmes symptômes que dans l'espèce chevaline.

(Mêmes réflexions que pour l'espèce chevaline, avec cette différence que l'acheteur peut engraisser l'animal pour la boucherie, jamais la viande n'a fait aucun mal.)

Les suites de la non délivrance après le part chez le vendeur. Quelquefois, après le part, le délivre ou enveloppe du fœtus n'est pas expulsé lorsque la bête est vendue.

Ce corps, devenu étranger, occasionne des accidents qui sont ordinairement peu graves, tels que l'inappétence, la fièvre, un écoulement de matières purulentes par la vulve; mais dans d'autres cas, le séjour prolongé du délivre donne naissance à des matières septiques, qui sont absorbées et peuvent faire périr l'animal.

Le renversement du vagin ou de l'utérus après le part chez le vendeur. C'est l'organe lui-même qui se présente à son ouverture naturelle, sous la forme d'une tumeur rouge, arrondie, qui disparaît et se montre de nouveau lorsque la bête a beaucoup mangé, lorsqu'elle est couchée, etc., etc. Cet accident peut parfois entraîner la perte de l'animal.

Vices rédhibitoires pour l'espèce ovine.

« *La clavelée.* Cette maladie, reconnue chez un seul animal, entraînera la rédhibition de tout le troupeau. La rédhibiton n'aura lieu que si le troupeau porte la marque du vendeur. » —

La clavelée aussi appelée claveau, petite vérole, etc., etc., est chez la bête ovine une maladie qui ressemble à la petite vérole chez l'homme. Elle est extrêmement contagieuse et souvent mortelle, et est caractérisée par des boutons ombiliqués qui se montrent principalement là où la peau est fine, autour des yeux, des lèvres, à la face interne des membres, sous le ventre, etc., etc. Cette maladie n'attaque pas tout le troupeau à la fois, mais en trois parties ou lunes d'une durée de vingt-cinq à trente jours, ce qui la prolonge jusqu'à près de trois mois.

Pour que la rédhibition ait lieu, il faut que le troupeau porte la marque du vendeur.

« *Le sang de rate.* Cette maladie n'entraînera la rédhibition du troupeau qu'autant que, dans le délai de la garantie, sa perte constatée s'élèvera au 15ᵉ au moins des animaux achetés. Dans ce dernier cas, la rédhibition n'aura lieu également que si le troupeau porte la marque du vendeur. » —

Qu'est-ce que le sang de rate ? les uns pensent que c'est une congestion sanguine instantanée dans les organes déjà affaiblis ; les autres que c'est une affection charbonneuse rapide, etc., etc.. Les animaux qui en sont atteints cessent de manger, baissent la tête, tombent ; de la bave s'écoule de la bouche ; du sang s'échappe des naseaux ou avec les urines, les excréments ; presque tous les animaux attaqués succombent. Pour que la redhibition ait lieu, il faut que le 15e au moins du troupeau meure dans le délai de la garantie, et que, comme dans le cas précédent, le troupeau porte la marque du vendeur. (1)

Art. 2. — « L'action en réduction du prix autorisée par l'article 1644 du code civil, ne pourra être exercée dans les ventes et échanges d'animaux énoncés dans l'art. 1er ci-dessus. »

Sous l'empire de l'article 1644 du code civil, l'acheteur, à qui le vendeur avait livré l'animal atteint d'un vice caché qui le rendait impropre à l'usage auquel on le destinait, ou qui diminuait tellement cet usage, qu'il ne l'aurait pas acquis, ou n'en aurait donné qu'un moindre prix s'il l'avait connu, avait deux actions qui lui étaient ouvertes par l'art. 1644, et entre lesquelles il pouvait choisir. L'action redhibitoire par laquelle il forçait le vendeur à reprendre l'animal et à rendre le prix, et l'action *quanti minoris*, dont l'objet était seulement de contraindre le vendeur à supporter une diminution de prix.

Cette dernière action a été abolie par l'article 2 de la loi du 20 mai 1838, et il en résulte qu'on ne peut pas invoquer l'existence d'un vice redhibitoire pour obtenir diminution de prix. Il est de principe, en jurisprudence, que lorsque des chevaux ou des bœufs accouplés auront été achetés pour être attelés ensemble, l'existence d'un vice redhibitoire chez l'un d'eux devra donner lieu à la résiliation du marché tout entier.

---

(1) Il faut remarquer que la même affection se produit sur l'espèce bovine, et qu'en vertu de la loi, l'affection est redhibitoire ou non suivant l'espèce qu'elle attaque.

Art. 3. — « Le délai pour intenter l'action redhibitoire sera, non compris le jour fixé pour la livraison, de trente jours pour le cas de fluxion périodique des yeux et d'épilepsie ou mal caduc ; de neuf jours, pour tous les autres cas. »

Ainsi, d'après cet article, c'est dans le délai de trente ou de neuf jours, à partir du lendemain du jour fixé pour la livraison, que l'action redhibitoire elle-même doit être intentée.

Par action redhibitoire, il faut entendre l'action en justice, c'est-à-dire que l'acheteur devra faire donner l'assignation au vendeur dans les délais fixés ci-dessus, à peine de déchéance, suivant arrêt de la cour de cassation du 23 mars 1840.

Lorsque l'acquéreur a laissé expirer les délais sans intenter l'action redhibitoire, la peine de la déchéance est encourue contre lui. Mais si le vice redhibitoire dont l'animal est atteint est une maladie contagieuse, et si l'acquéreur en a éprouvé un préjudice, il peut, aux termes de l'art. 1382 du code civil, ainsi conçu : « *Tout fait quelconque de l'homme qui cause à autrui un dommage, oblige celui par la faute duquel il est arrivé à le réparer,* » obtenir réparation de ce préjudice. La cour royale de Rouen a consacré cette doctrine par un arrêt du 22 novembre 1838.

Art. 4. — « Si la livraison de l'animal a été effectuée, ou s'il a été conduit dans les délais ci-dessus hors du lieu du domicile du vendeur, les délais seront augmentés d'un jour par cinq myriamètres (50 *kilomètres*) de distance du domicile du vendeur au lieu où l'animal se trouve. »

Dans les deux cas prévus par cet article, c'est-à-dire dans le cas où la livraison de l'animal est effectuée dans les délais déterminés par l'article 3 hors du domicile du vendeur, et dans celui où l'acheteur, après avoir conclu son marché, se met en route et conduit, dans les mêmes délais, l'animal à une distance plus ou moins grande du domicile du vendeur, le législateur n'a entendu prolonger que le délai pour intenter l'action redhibitoire. Il a voulu seulement laisser à l'acheteur, le temps d'aller lui-même ou d'écrire au domicile du vendeur, pour faire donner l'assignation.

Art. 5. — « Dans tous les cas, l'acheteur, à peine d'être non recevable, sera tenu de provoquer, dans les délais de l'art. 3, la nomination d'experts chargés de dresser procès-verbal ; la requête sera présentée au juge-de-paix du lieu où se trouvera l'animal.

« Ce juge nommera immédiatement, suivant l'exigence des cas, un ou trois experts qui devront opérer dans le plus bref délai. — »

En d'autres termes, la requête au juge-de-paix (qui devra être faite sur papier timbré pour éviter l'amende), ou la demande à fin de nomination d'experts doit toujours être intentée, à peine de déchéance, dans les délais de l'article 3, c'est à-dire dans les trente jours pour la fluxion périodique ou l'épilepsie, ou les neuf jours pour tous les autres cas.

Art. 6. — « La demande sera dispensée du préliminaire de conciliation, et l'affaire instruite et jugée comme matière sommaire. »

C'est-à-dire que l'affaire sera jugée immédiatement sans qu'auparavant il y ait convocation des parties devant le juge-de-paix, pour arriver à conciliation.

Art. 7. — « Si pendant la durée des délais fixés par l'art. 3 l'animal vient à périr, le vendeur ne sera pas tenu de la garantie, à moins que l'acheteur ne prouve que la perte de l'animal provient de l'une des maladies spécifiées dans l'article 1er. »

Cet article n'est qu'une conséquence rigoureuse de l'art. 1er, il est tout naturel qu'un vice étant redhibitoire, la mort qui est la suite de ce vice donne lieu à la redhibition.

Si donc la personne qui a acheté un animal le voit mourir ou en danger de mort dans les délais que la loi accorde pour se mettre en mesure de former une demande en redhibition, elle fera bien de profiter du bénéfice de la loi. Si l'animal meurt, et qu'à l'ouverture, on trouve que la mort est causée par un vice redhibitoire, la perte de l'animal retombera à la charge du vendeur.

Art. 8. — « Le vendeur sera dispensé de la garantie résultant de la morve ou du farcin , pour le cheval, l'âne et le mulet, et de la clavelée pour l'espèce ovine, s'il prouve que l'animal, depuis la livraison a été mis en contact avec des animaux atteints de ces maladies. »

Ainsi, dans ce cas, si le vendeur parvient à prouver que les animaux dont il est question dans l'art. 8 ont été mis en contact par le fait de l'acheteur, avec d'autres atteints d'une des maladies spécifiées dans le même article, l'acheteur eût-il rempli toutes les formalités légales voulues, est non recevable en sa demande, il doit en outre garder l'animal et payer tous les frais.

De la garantie légale.

La garantie légale a lieu toutes les fois que l'animal vendu est atteint d'un des vices ou défauts énumérés ci-dessus.

Dès que l'acquéreur s'aperçoit que l'animal est atteint d'un vice redhibitoire, il est prudent qu'il cesse de le faire travailler ; il est même bon qu'il le mette en fourrière.

Si l'acquéreur fait subir une mutilation à l'animal , coupé la queue, par exemple , des tribunaux ont interprêté qu'il fait par là un acte de propriété définitive , qui rend le recours en garantie non recevable.

Suivant la jurisprudence du tribunal de Paris, il ne doit qu'une légère indemnité, s'il n'a que raccourci un peu les crins de la queue ; il ne doit rien, s'il a *fait les crins* par le précepte que ce *qui améliore ne vicie pas.*

De la garantie conventionnelle.

La loi du 20 mai 1838 n'a point ôté au vendur le droit de s'affranchir de la garantie légale, ni à l'acheteur celui de demander au vendeur de lui garantir que tel autre vice non dénommé par la loi n'existe pas

La garantie conventionnelle a sa base dans l'art. 1134 du code civil , qui dit que « *les conventions légalement formées tiennent lieu de loi à ceux qui les ont faites.* »

Si la garantie légale peut être diminuée et même anéantie complétement, on peut aussi stipuler que le vendeur sera garant pour des cas et pour des vices qui n'ont point été désignés dans la loi du 20 mai 1838.

Ainsi, un acheteur peut demander à un marchand de vaches laitières de lui garantir qu'une vache donnera au moins tant de litres de lait ou bien qu'elle n'a que tel âge,

Un acheteur peut demander au vendeur de lui garantir que le cheval n'est pas méchant, qu'il a une bonne vue, etc., etc.

C'est le plus souvent par le reçu délivré par le vendeur à l'acheteur, en échange du prix qu'est constatée l'existence de la convention relativement à la garantie ; mais rien ne s'oppose à ce que ces deux actes soient séparés.

Il est d'autant plus important pour l'acheteur que la garantie conventionnelle soit écrite, qu'en matière civile seulement, la preuve par témoin n'est plus admise quand le prix de l'objet vendu excède la somme de 150 fr. (Art. 1341 du code civil.)

La garantie conventionnelle peut avoir pour objet la durée de la garantie légale. Ainsi, un acheteur demande au vendeur de prolonger cette durée, craignant qu'un vice redhibitoire ne se déclare après l'expiration du temps de garantie fixé par la loi, si celui-ci y consent, il est garant du vice si le vice se manifeste pendant l'époque convenue. Dans ce cas, le vendeur doit spécifier que la prolongation de la garantie est pour tel vice seulement, sinon elle s'entendrait pour tous les vices redhibitoires sans même qu'ils eussent préexisté à la vente.

Indépendamment de la garantie conventionnelle dont nous venons de parler, il en existe une autre *tacite* qui a lieu dans les marchés dits de *confiance*, où l'acheteur n'a pas vu l'objet du marché, et où il s'en est rapporté à la bonne foi du vendeur pour lui procurer un animal capable de remplir un but déterminé.

Dans un marché fait de cette manière, le vendeur devient responsable de tous les défauts ou vices visibles ou non visibles qui empêchent l'animal de remplir le but pour lequel il a été demandé, ou qui diminuent beaucoup le prix qu'on était convenu d'en donner. Ces cas sont excessivement rares.

De la garantie légale
des animaux destinés à la boucherie.

La loi du 20 mai 1838 ne règle que les ventes et échanges d'animaux domestiques. A la chambre des députés, dans la commission chargée d'examiner le projet de loi, le commissaire du gouvernement a déclaré que la loi n'abrogeait pas les réglements particuliers locaux relatifs au commerce des bêtes de boucherie, que les animaux vendus comme tels n'étaient pas considérés comme animaux domestiques, et que par conséquent, la loi précitée ne leur était pas applicable.

La jurisprudence a consacré l'opinion émise par M. le rapporteur de la commission, et il a été décidé que les anciennes ordonnances, et notamment l'arrêt du réglement du parlement de Paris du 4 septembre 1673, renouvelé le 17 juillet 1699, et confirmé par ordonnance du 1er juin 1782, qui déclarent les marchands forains responsables envers les bouchers de la mort des bœufs destinés à la consommation de la ville de Paris, lorsqu'elle survient dans les neuf jours de la vente, *de quelques maladies que ce soit*, n'avaient été, sous aucun rapport, abrogés par la loi du 20 mai 1838.

Là où la boucherie n'est pas régie par des réglements spéciaux, la vente des animaux destinés à la consommation, doit être réglée par les articles 1641 et 1648 du code civil.

De l'autorité compétente
Pour connaître d'une demande en résolution formée pour vices rédhibitoires.

Les juges-de-paix prononcent sans appel sur la validité des demandes dans les matières dont la valeur n'excède pas 100 fr. et à charge d'appel jusqu'à la valeur de 200 fr.

Le juge-de-paix compétent est, ou celui du domicile du vendeur, ou celui dans l'arrondissement duquel la promesse a été faite et l'animal livré, ou celui dans l'arrondissement duquel le paiement devait être effectué. (Code de procédure civile, art. 440.)

Lorsque l'achat de l'animal a excédé 100 fr. si les parties ne veulent pas se soumettre à la juridiction du juge-de-paix, l'acquéreur a le droit de s'adresser directement au tribunal de commerce ou au tribunal civil.

La demande introductive d'instance doit être portée devant le tribunal civil toutes les fois que le vendeur n'est pas commerçant, c'est-à-dire marchand de chevaux ou de bestiaux.

Dans le cas contraire, le vendeur doit être appelé devant le tribunal de commerce seul.

Ce tribunal doit connaître cette action, encore bien que l'individu ne soit pas commerçant. Il suffit pour saisir la juridiction commerciale, que le vendeur soit marchand de chevaux ou de bestiaux.

Si l'individu non commerçant qui a acheté un cheval ou autres bestiaux d'un marchand de chevaux ou de bestiaux, est fondé à traduire ce dernier devant la juridiction commerciale, pour raison des vices ou défauts dont est atteint l'animal qu'il a acheté, le marchand de chevaux ou de bestiaux ne peut à l'inverse, même par voie d'action récursoire de garantie, appeler devant le tribunal de commerce l'individu non commerçant qui lui a vendu l'animal, cause de l'action redhibitoire intentée contre lui.

On ne doit pas considérer comme prescrite, l'action redhibitoire qui a été formée dans le délai légal, devant un tribunal incompétent, et n'a été régularisée que postérieurement à ce délai.

Dans un très-grand nombre de cas, pour que la loi du 20 mai 1838 reçoive son application, cela demande énormément de temps et de frais sans compter les tracas. Les exemples en sont très-nombreux. On ne saurait donc trop engager acheteurs et vendeurs de chercher à éviter la procédure ; pour cela, un moyen bien simple est à leur disposition, d'autant plus négligé sans doute qu'il est plus simple, c'est l'arrangement à l'amiable. En cas de contestation, ils peuvent convenir de s'en rapporter à la décision d'un ou de plusieurs arbitres. Il en coûterait bien peu, par conséquent, pour arriver ainsi à la solution de la question, et ils éviteraient bien des frais s'ils avaient toujours présent à la mémoire ce vieux proverbe : qu'il vaut mieux un mauvais arrangement qu'un bon procès.

MODÈLES DIVERS.

Stipulation de non garantie de la part du vendeur.

Je soussigné, cultivateur à   reconnais avoir reçu au sieur   marchand de chevaux à   la somme de deux cents fr. pour prix d'un cheval (signalement), que je lui ai vendu en stipulant, que je ne garantissais pas *tel* vice redhibitoire prévu par la loi.

Stipulation de non recours en garantie de la part de l'acheteur.

Je soussigné, reconnais avoir acheté du sieur D..., moyennant le prix *de*, un cheval (signalement) que je prends à mes risques et périls, m'engageant à n'exercer aucun recours en garantie contre le vendeur, en cas d'existence sur l'animal *d'un* ou *de* plusieurs vices redhibitoires.

Modèle de requête pour exercer le recours en garantie.

A Monsieur le juge-de-paix du canton de

Monsieur le juge-de-paix.

Le sieur   cultivateur à   a l'honneur de vous exposer qu'il a acheté le 1er courant du sieur marchand de chevaux à   un cheval (signalement), moyennant la somme de deux cents francs.

Que cet animal paraît atteint de *tel* vice redhibitoire (*ou de tel défaut ou maladie par lui garanti en vertu de notre convention en date du*   ), pourquoi il vous prie, Monsieur le juge-de-paix, de nommer un ou plusieurs vétérinaires pour experts, afin de procéder à la visite dudit cheval, constater s'il a le vice sus-mentionné, et en cas de mort, faire l'ouverture et constater les causes de la mort, le tout en présence du vendeur ou lui dûment appelé, pour être ensuite statué ce qu'il appartiendra.

Pour éviter tous les inconvénients d'un procès, avant d'intenter une action en redhibition, l'acquéreur doit se rendre chez le vendeur pour lui faire part de ses soupçons sur l'existence d'un vice redhibitoire sur l'animal objet de la vente, lui proposer arrangement, et les parties doivent alors convenir entre elles de nommer un ou plusieurs arbitres et de s'en rapporter à leur décision : c'est-à-dire le vendeur de reprendre l'animal si les arbitres le trouvent affecté d'un vice redhibitoire, et l'acquéreur de le garder s'ils jugeaient qu'il n'est pas attaqué de ce vice.

Les arbitres devront être, avant tout, des hommes d'une probité reconnue. Il conviendra cependant de les choisir parmi les personnes que leurs études spéciales mettent à même de pouvoir apprécier à fond la question, nous voulons dire les vétérinaires.

Si les parties conviennent de s'en rapporter à leur décision comme arbitrage définitif, elles doivent rédiger un acte ou compromis par lequel elles le reconnaissent pour juge unique, sans réserve d'appel; ou si l'une des parties ne sait écrire, elles se retireront pour énoncer leur volonté par devant un officier public, qui rédigera le compromis.

Modèle de Compromis d'Arbitrage sans réserve d'appel

Nous soussignés (*noms, prénoms, qualités et demeures*), convenons, relativement au marché du cheval (*signalement et prix*) que nous avons fait le 1.ᵉʳ septembre 1856, à (*désigner l'endroit*) et à la contestation qui s'est élevée à la suite de ce marché, de prendre les sieurs   pour arbitres, et renonçons à appeler de leur jugement, nous en rapportant complétement à leur décision.

Fait à   le

Lu et approuvé l'écriture ci-dessus.

(*Ceci doit être écrit de la main du signataire qui n'a pas écrit le compromis, ou des deux parties si c'est l'arbitre ou toute autre personne qui a fait le compromis.*)

Suivent les signatures,

Nota. *Toutes ces pièces doivent être faites sur papier timbré, afin d'éviter l'amende, en cas de procès.*

———————

TABLE DES MATIÈRES.

Conférences agricoles.

DEUXIÈME SÉRIE (1).

TROISIÈME SÉRIE.

(1) Les conférences de la première série, ont été faites à la société des Sciences avant création du Comice.

BIBLIOTHÈQUE IMPÉRIALE IMPR.

Lille. Imp. de Lefebvre-Ducrocq.

AVIS

Dans l'intérêt de la propagation du progrès agricole, le Comice a autorisé M. Tancrez à opérer un tirage supplémentaire du Recueil de ses travaux pour être livré au public, à la condition d'une grande modicité de prix. En conséquence,

On s'abonne aux Archives de l'Agriculture du Nord de la France.

A LILLE, chez M. TANCREZ, rue des Sept-Agaches, 8.

Le prix d'abonnement est :

Pour douze livraisons, adressées mensuellement
en *franchise de port* et formant un volume de
4 à 500 pages
Pour la France de. 3 fr.
Pour l'étranger les frais de poste en plus.
Les précédents volumes brochés sont livrés à . . . 5 fr.

Lille, imprimerie Lefebvre-Ducrocq.

www.ingramcontent.com/pod-product-compliance
Lightning Source LLC
LaVergne TN
LVHW021741060726
842528LV00003B/756